AF809619

Horst-Dietrich Otto

EVOLUTION und VERERBUNG

3., aktualisierte Auflage

MIX
Papier aus verantwortungsvollen Quellen
FSC® C083411
www.fsc.org

Umschlagabbildung: ©vladimircaribb – stock.adobe.com

Bibliografische Information der Deutschen Nationalbibliothek: Die Deutsche Nationalbibliothek verzeichnet diese Publikation in der Deutschen Nationalbibliografie; detaillierte bibliografische Daten sind im Internet über http://dnb.d-nb.de abrufbar.

Das Werk ist urheberrechtlich geschützt. Sämtliche, auch auszugsweise Verwertungen bleiben vorbehalten.

Copyright © utzverlag GmbH · 2024

ISBN (Print) 978-3-8316-5019-4
ISBN (E-Book) 978-3-8316-7775-7

Printed in EU

utzverlag GmbH, München
089–277791–00 · www.utzverlag.de

In der vorliegenden 3., aktualisierten Auflage werden neue Erkenntnisse des Autors vorgestellt.

Diese werden einleitend in Form von **neun Fragen** formuliert.

Dank

Bei unzähligen Gelegenheiten durfte ich meiner Partnerin, Sieglinde Fuchs, die jeweils aktuellen Gedanken über Entwicklung und phylogenetische Vererbung vortragen. Stets hörte sie verständnisvoll und interessiert zu, und sie hinterließ bei mir nie den Eindruck, dass ihr das alles langsam zum Hals heraushängen würde. Ihr gilt mein größter Dank.

Wenn mich mein Sohn Thomas in Wandlitz besuchte, nutzte ich seine profunden Kenntnisse über die digitale Welt sehr häufig aus. Stets half er geduldig, meine Fragen zu beantworten, oder bei Bedarf die Lösung am PC zu demonstrieren. Zeitraubende Versuche mit „trial and error“ wurden mir damit oftmals erspart. Dafür verdient er ebenfalls meinen besonderen Dank.

Inhalt

Vorwort

Meine Emeritierung aus der Funktion des Chefarztes einer HNO-Klinik von Berlin erfolgte im Januar 2003 im 66. Lebensjahr. Neben meiner hauptberuflichen klinischen Tätigkeit beschäftigte ich mich damals auch mit wissenschaftlichen Untersuchungen über die Entstehung der *endogenen Fehlbildungen.* Im Rentenalter verfolgte ich dann diese Thematik weiter. Darüber erschienen 2017 eine größere (zwei Bände) und 2018 eine kleine Monografie (1. und 2. Auflage). Danach setzte ich meine Forschungen bis heute fort. Die jetzt vorliegende 3., aktualisierte Auflage bildet den bündigen Abschluss meiner Einsichten auf diesem wissenschaftlichen Gebiet. Wie bisher geht es darin vorwiegend um die bereits ausgestorbenen Tiere und speziell um die noch ungelösten Probleme des *Mechanismus der* ***Steuerung*** *der Vererbung* während der stammesgeschichtlichen Entwicklung *(Evolution),* wobei Körpermerkmale *bleibend verändert werden.* Evolution und Vererbung sind sehr eng miteinander verbunden. Dabei gilt: Alle Veränderungen während der Evolution der Lebewesen sind die Folge von spontanen, ***endogenen*** Gen-Mutationen. Diese treten während des Prozesses der *Gen-Bildung* im Kern einer singulären medianen Mutterzelle entweder etwas früher oder etwas später auf, was dann zu verschiedenen Resultaten führt.

1 Offene Fragen zu Evolution und Vererbung

1a Herkömmliche Definitionen der Termini „Evolution" und „Vererbung"

„Evolution": „Lehre von der Entwicklung der organischen Welt, d. h. der Lebewesen von wenigen einfachen zu mannigfaltig komplizierten." (Fremdwörterbuch. VEB Bibliographisches Institut, Leipzig 1954.)

„‚Evolution' ist der Verlauf der Stammesgeschichte von den niedrigsten Organisationsstufen des Lebendigen bis zu den heutigen hoch organisierten Formen." (Brockhaus ABC Biologie 1967.)

„‚Evolution' ist der Prozess der Weitergabe von Eigenschaften biologischer Systeme an ihre Nachkommen." (Philosophisches Wörterbuch. VEB Bibliographisches Institut Leipzig 1974.)

„‚Evolution' ist der Vorgang, durch den sich die Welt des Lebendigen nach der Entstehung des Lebens nach und nach entwickelt hat und weiterhin entwickelt." (MAYR 2005.)

„‚Evolution' ist die Weitergabe der genetischen Information an einen Teil der Nachkommen." (W. Pschyrembel 2017.)

„Evolution" und „Vererbung" werden jedoch lediglich aus einer Sicht von außen beschrieben. Es gelang bisher nicht, zum eigentlichen inneren Wesen der Vererbung vorzudringen. *Unbeantwortet bleiben:* ***Was*** bewirkt den Artenwandel, die *stufenweise* Höherentwicklung und damit die *Vererbung* des Neuen bei der Evolution? ***Wie*** ist die Vererbung als eine *dauerhafte* Veränderung der Organismen durch eine zufallsabhängige Mutation eines GENS zu erklären? G. OSCHE (1979) verweist im Register lediglich auf die „Vererbung *erworbener* Eigenschaften".

Weder im Glossar noch im Register der Evolutionsbiologie von KUTSCHERA (4. Auflage, 2014) ist der Terminus „Vererbung" angeführt. Damit wird offenbar, dass man die tatsächliche Ursache, d. h. den Mechanismus des phylogenetischen *Vererbungsprozesses* beim Wandel der Körpermerkmale bis heute *nicht erkannt* hat.

1b Neun offene Fragen

Zahlreiche in der biologischen Wissenschaft noch immer *offene Fragen* **werden hier beantwortet:**

\- - - -

Frage 1: In allen erdgeschichtlichen Epochen besitzen Invertebraten und Vertebraten einen *bilateralsymmetrischen (bs) Habitus.* Dieser ist erblich und *verändert* sich in der langen Phylogenese mehr oder weniger langsam.

Der ***bs Körperbau*** aller rezenten und fossilen Tiere wird von Wissenschaftlern und von Laien als gegeben akzeptiert; der Grund dafür wurde jedoch offenbar nie hinterfragt.

Wodurch wird die bilaterale Symmetrie der Tiere verursacht? (S. 22, 33, 51)

\- - - -

Frage 2: *Wie* entstand vor ca. 210 Millionen Jahren bei den ***kaltblütigen*** (poikilothermen) ***Therapsiden*** (ausgestorbene, säugerähnliche Reptilien) an der Grenze von der Trias zum Jura die **Warmblütigkeit** (Homoiothermie)? Mit ihr waren die vorher kaltblütigen *Niederen Therapsiden zu* ***säugerähnlichen, warmblütigen Reptilien*** *(Höheren Therapsiden)* geworden. (S. 31, 45–51, 53, 69, 70)

\- - - -

Frage 3: ***Wie*** unterscheiden sich die ***beiden*** *großen Gruppen von* ***Dinosauriern*** (DS), in denen jeweils kleine bis sehr große ***DS-Arten*** vorkommen?

a) ***Quadrupede*** (vierbeinige) DS. Sie bewegten sich langsam und sie waren ***kaltblütig*** (S. 40–42).

b) ***Bipede*** (zweibeinige) DS. Sie besaßen lange, starke Hinterbeine, mit denen sie sehr schnell laufen konnten. Die kurzen Vorderbeine dienten dagegen als ***Greifwerkzeuge***.
   Sie entwickelten sich als ***Seitenzweig*** aus den ***warmblütigen Höheren Therapsiden*** zu den arborealen Hanglern (S. 45–50) und Gleitfliegern (S. 54–57).

Im Nebenzweig gingen aus den Hanglern wiederum die *Flugsaurier* (S. 58–61), der *Archaeopteryx* (S. 62–64) und die *Vögel* hervor.

Von den ursprünglich auf Bäumen wohnenden *Hanglern* ***kehrten*** einige Vertreter bleibend ***zum Erdenleben zurück***. Sie wurden zu ***bipeden, flinken*** Dinosauriern. Auch diese wurden allmählich immer größer, bis zum riesigen *Tyrannosaurus rex*.

\- - - -

Frage 4: ***Weshalb*** ging vor etwa 40 Millionen Jahren (im Alttertiär) ***ein*** *quadrupedes Säugetier* zur ***halbaquatischen*** Lebensweise über? ***Was*** war der Grund dafür? Mammalia (Säugetiere) gab es doch schon ca. 200 Millionen Jahre früher, d. h. seit der *Oberen Trias*. Jedoch erst vor 40 Millionen Jahren entstand *die* ***erste Robbe.*** Ihr Merkmal ist die *Tetraphokomelie*. (S. 26–27, 70–73) (Robbengliedrigkeit an ***Armen und Beinen.***)

\- - - -

Frage 5: ***Weshalb und wie*** entstanden kurz nach den Robben die ebenfalls halbaquatisch lebenden ***Sirenen (Seekühe)?***

Ihre *oberen* Extremitäten sind ebenfalls robbengliedrig, jedoch ***fehlen ihre unteren Extremitäten.*** Dafür besitzen sie entweder einen *Fischschwanz* oder einen *Rundschwanz* (S. 25–27, 70).

Frage 6: ***Weshalb verlor*** vor ca. 30 Millionen Jahren *eine* ***Sirene beide Seiten ihres zweiten Halswirbels?*** Da diese Veränderung genetisch fixiert war und zur Unbeweglichkeit des Halses führte, entstanden die **Waltiere.** Sie waren damit zur ***vollaquatischen Lebensweise*** gezwungen. Auch sie sind *Säugetiere, warmblütig* und besitzen eine *Lunge* (S. 26, 71, 78–82).

- - - -

Frage 7: Die etwa 3.500 Millionen Jahre währende *stufenweise Höherentwicklung* aller Tiere basiert zweifellos auf ***Vererbung***, d.h. auf einer ***genetischen Fixierung*** des jeweils veränderten Habitus. Dieser hatte sich durch nacheinander ablaufende, *zufallsabhängige Mutationen von GENEN* ***verändert.***

Welcher *bisher unbekannte,* repetitive ***Mechanismus*** macht im Verlauf der phylogenetischen Evolution die ***Vererbung*** möglich? (S. 10, 22–24)

- - - -

Frage 8: ***Weshalb*** beruht die von **GAUPP** (1913) und **REICHERT** vertretene Theorie über die Homologie des *Malleus* (Hammer) mit dem *Articulare* und des *Incus* (Amboss) (S. 28–32), mit dem *Quadratum* auf einem ***Irrtum***? (Siehe Otto, H.-D. 1981.)

- - - -

Frage 9: Was *ist* in der Biologie eine „Art" und **wie entsteht eine „Art"?**

Nach Wikipedia (2023) „gelang bisher keine allgemeine Definition einer Art".

Art ist der Sammelbegriff für eine abgegrenzte Gruppe von Pflanzen oder von Tieren. Ein solches Kollektiv weist bei jedem Individuum – im Unterschied zu anderen Taxa – jeweils neue, gleiche, strukturell, gegebenenfalls auch funktionell *veränderte* Artmerkmale auf.

Bei einem tierischen **Embryo** *entsteht* eine Art, wenn bereits bei einer **singulären medianen Mutterzelle** (smMZ) während des *Syntheseprozesses eines Gens* für ein prospektives Organ schon **vor** der Teilung in ihre beiden Tochterzellen (TZ) eine zufallsabhängige **Mutation** *dieses Gens* resultiert. Nach Teilung der smMZ besitzt dann jede TZ das *mutierte Gen.*

Der dadurch *veränderte* ***bilateralsymmetrische Habitus*** des Embryos bzw. später des Neugeborenen besitzt entweder günstigere oder weniger vorteilhafte Körpermerkmale. Sie werden von 50 % seiner Nachkommen **vererbt.** Ein positiv verändertes Merkmal garantiert im *Struggle of life* das Überleben des adulten Individuums. In der **Evolution** bewirkt es nicht nur die Erhaltung, sondern auch die **phylogenetische Entwicklung** dieser neuen Tiergruppe, d. h. der neuen **Art.**

Diese kommt zunächst örtlich nur begrenzt vor und im Laufe der Jahrmillionen wächst ihre Ausbreitungsfläche an.

\- - - - - -

Der „Begründer der **Entwicklungsmechanik**“, WILHELM ROUX (JENA 1850 – HALLE/Saale 1924), erforschte die ***Gesetzmäßigkeiten*** der Entwicklung unter dem Motto:

DAS „**W A S**“ ERFORSCHE
MEHR ERFORSCHE „**W I E**“
UND DAS „**W A R U M**“ VERSÄUME NIE!

(Medaille von Felix Pfeifer 1924, Durchmesser 6,2 mm).

2 Einführung

Viele Fragen bezüglich des Verlaufs der Evolution sowie des Modus der Vererbung sind bis heute ungeklärt. Ein eindrucksvolles Beispiel für einige der noch

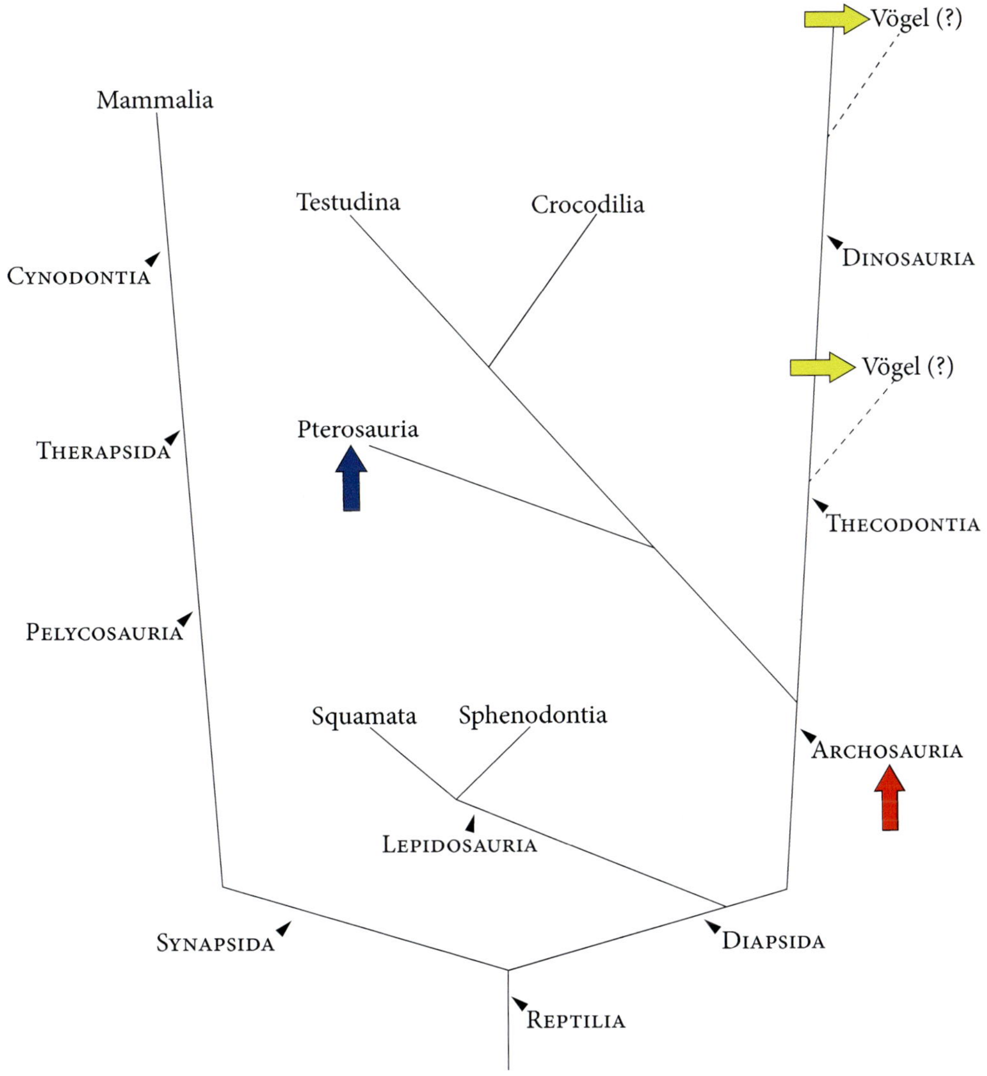

Abb. 1. Stammesgeschichte der Reptilien, schematisch, nach MAYR (2005).

Die warmblütigen Flugsaurier (blauer Pfeil) und die Vögel (gelbe Pfeile) wurden hier noch als Derivate der Archosauria (roter Pfeil) geführt. Die von ROMER (1991) vorgeschlagene Klassifizierung in Synapsida und Diapsida wurde aufgegeben. Die *farbigen Pfeile* sind von mir nachträglich eingefügt worden.

offenen Fragen lieferte MAYR (2005), der die Stammesgeschichte der Reptilien in einem Diagramm vorstellte (Abb. 1).

Auf der Basis eigener, neuer Erkenntnisse wird nachfolgend zum Mechanismus der **Vererbung** in der Evolution Stellung genommen.

Die Niederen **Therapsiden** (säugerähnliche Reptilien) lebten etwa 40 Millionen Jahre lang, d.h. vom Mittleren PERM (vor ca. 270 Millionen Jahren) bis zur Mittleren TRIAS (vor ca. 230 Millionen Jahren). Während dieser sehr langen Zeitspanne vollzog sich bei einigen Tieren der allmähliche Wandel von der Kaltblütigkeit (Poikilothermie) zur Warmblütigkeit (Homoiothermie). Er kam einer ***biologischen Revolution*** gleich.

In den folgenden etwa 230 Millionen Jahren (bis heute) erfolgte die stürmische Radiation jener nunmehr *warmblütigen* Tiere einschließlich aller ausgestorbenen Zwischenstufen, von denen hier nur die *rezenten* Spezies erwähnt werden: die **Säugetiere,** die **Vögel** und die terrestrisch oder aquatisch lebenden homoiothermen **Robben,** die **Sirenen** sowie die rein aquatisch lebenden **Waltiere.**

Der Entstehungsprozess der *Warmblütigkeit* in der Evolution war ein Vorgang, der entlang der genetischen Stammesreihe offenbar in vielen Einzelschritten nacheinander ablief. Denn er setzte die Umwandlung der scharnierförmigen einfachen Kiefergelenke der Reptilien (Ginglymus) in zusammengesetzte Gelenke voraus. Diese bestehen jeweils aus zwei übereinander angeordneten Gelenkspalten und einem dazwischen befindlichen *Discus articularis.*

Damit entwickelte sich bei den Höheren Therapsida der Prozess der Nahrungszerkleinerung, d.h. **das Kauen.** Mit dem Kauvorgang veränderte sich das Gebiss: Die bisher dem Kiefergelenk aufsitzenden, gleichförmigen Zähne erhielten eine Verankerung der Zahnwurzeln in Alveolen, d.h. eine Zahnbefestigung mittels SHARPAY-Fasern. Unterschiedlich breite, geformte Zähne *(Heterodontie)* ermöglichten dabei ein Zermahlen bei horizontalen und vertikalen Belastungen des Gebisses.

Die stammesgeschichtliche Evolution weist außer der Entwicklung zu den *warmblütigen Höheren Therapsiden* noch *weitere warmblütige* Tiergruppen auf.

(1) Die Säugetiere (Mammalia) entwickelten sich nacheinander in *drei Etappen:*

(1a) Zuerst die *eierlegenden Kloakentiere* (Ur-Säugetiere, PROTOTHERIA), die teils terrestrisch und teils aquatisch lebten.

(1b) Dann die *Beuteltiere* (Marsupialia, METATHERIA), die bereits kleine Embryonen gebaren, welche am ventralen Milchfeld leckten und im Beutel der Mutter heranreiften.

(1c) Die *eigentlichen Säuger* (Plazentatiere, EUTHERIA), deren Nachkommen im Abdomen reiften, dann zur Welt gebracht, eine längere Zeit gesäugt und aufgezogen wurden.

Erst sehr spät folgte die Entwicklung der *marinen Mammalia.* Jede der folgenden, *aquatisch* lebenden Gruppen differenzierte sich im Laufe der Jahrmillionen in Untergruppen:

- **Robbenverwandte** (Flossenfüßige, PINNIPEDIA).
- **Sirenentiere** (SIRENIA). Robben und Sirenen lebten wechselzeitig im Flachwasser und an Land.
- **Waltiere** (CETACEA). Sie hielten sich *ständig im Tiefwasser* auf.

(2) Drei weitere *warmblütige* Gruppen *eroberten den Luftraum:*

(2a) ***Hangler und Gleiter.*** Sie kletterten auf Bäume und benutzten ihre vorderen Extremitäten zum Hangeln und Greifen, die hinteren zum Abspringen und zur Landung. Die Greifarme wurden dabei immer kürzer, wohingegen die Beine lang und kräftig blieben. Dazu gehören:

(2b) **Flugsaurier.**

(2c) **Archaeopteryx** und die

(2d) **Vögel.**

Diese drei *arboreal* lebenden Gruppen änderten erneut die Kiefergelenke zurück zu Scharniergelenken und damit die Art und Weise der Nahrungsaufnahme.

(3) ***Bipede* Dinosaurier.** Aus der Gruppe der Hangler **kehrten** einige kleine Spezies für immer zum **terrestrischen** Leben **zurück.** Aus ihnen entwi-

ckelten sich die *warmblütigen, bipeden Dinosaurier,* deren Hangel-Arme zierlich und kurz blieben. Auch sie unterlagen einer starken Radiation und erreichten allmählich riesige Größen, wie z. B. *Tyrannosaurus rex* und *Meraxes gigas.*

3 Vererbung von bilateralsymmetrischen (bs) Körpermerkmalen bei den fossilen Spezies

Vererbung erfolgt jeweils durch eine zufallsabhängige Mutation eines GENS für ein prospektives Organ *im Nukleus* einer „singulären medianen Mutterzelle" (smMZ) eines Embryos *vor* deren Teilung in ihre beiden Tochterzellen.

Mutation ist die einzige Quelle für neue Körperstrukturen (R. JUNKER und S. SCHERER). Den goldenen Schlüssel, mit dem sich manche noch ungeklärten Probleme der Evolution und der Vererbung *erschließen* lassen, liefern zufallsabhängige Mutationen von GENEN für einzelne, prospektive Organanlagen.

Bei allen Zellteilungen können Mutationen lebenslang, von der Geburt bis zum Tod eines Individuums, auftreten. Aber für den Verlauf der stammesgeschichtlichen Evolution spielten nur sehr wenige Mutationen eine Rolle, denn bei den meisten Tieren kamen *unilaterale* Mutationen vor, deren Träger in der zweiten Filialgeneration ausstarben, ohne Nachkommen zu hinterlassen.

In der Stammesgeschichte wurde die Entwicklung von nur wenigen Individuen durch zufallsabhängige Mutationen entscheidend beeinflusst, wie es das ***fossile Fundmaterial*** von Tieren belegt. Der Verlauf der Evolution vom Niederen zum Höheren bzw. die zunehmende Differenzierung beim Artenwandel sind daran unmittelbar ablesbar.

Eine **zufallsabhängige Mutation** ist ein **fehlerhafter Syntheseprozess** eines GENS für ein prospektives Organ/einen Organteil **im Nukleus (Zellkern) einer Blastomere** oder dem einer **Epithelzelle eines Embryos** entweder *vor* oder *nach* der Teilung in **zwei Tochterzellen** (TZn). Dieser Prozess kann sich nur während der *frühen Embryogenese* für einen Nachkommen negativ, d.h. gestaltverändernd auswirken. Beim menschlichen Embryo ist das die kurze Zeitspanne von der Entstehung der Zygote (ersterTag nach der Befruchtung) bis zum Ende der achten Embryonalwoche (56. Tag).

Für die stammesgeschichtliche Evolution gilt:

Der *Zeitpunkt* der Entstehung einer zufallsabhängigen Mutation beim Syntheseprozess eines GENS für ein prospektives Organ ist für den daraus resultierenden Habitus (Erscheinungsbild des Embryos) entscheidend.

A Bilateralsymmetrische Veränderungen im Habitus eines Tieres

Die zufallsabhängige Mutation entsteht im Zellkern von einer als ***singuläre mediane Mutterzelle*** (smMZ) bezeichneten Zelle eines Embryos noch **vor** deren Teilung in ihre beiden Tochterzellen. Deshalb enthält *nach* der Teilung der smMZ *jede* der beiden Tochterzellen das mutierte GEN. Postnatal zeigt der resultierende Phänotyp eine bilateralsymmetrische (bs) Veränderung, die bei *rezenten* Individuen als *Fehlbildung* (bs FB) bezeichnet wird. Solche Mutationen können in allen Körperregionen vorkommen, z. B. am Kopf, am Hals, im Thorax, im Abdomen sowie an den Armen oder/und an den Beinen.

Nach der ***Reduktionsteilung*** (Meiose) in der weiblichen Geschlechtszelle enthält *eine* der beiden haploiden *Chromatiden* das mutierte GEN. Die Mutante befindet sich entweder in der Eizelle (♀) oder in einem Spermium (♂). Die Nachkömmlinge bilden die große Gruppe der fossilen und der rezenten „Bilateralia“, d. h. die genetische Stammlinie der *Invertebraten* und der *Vertebraten.* Nachfolgend werden nur die letzteren (Chordatiere, Vertebraten) thematisiert.

Bei äußeren und inneren ***weichen*** Organen (Haut, Magen, Lunge, Leber, Darm ...) *rezenter* Vertebraten kommen im Habitus des Embryos ebenfalls Veränderungen vor. Auch sie sind bilateralsymmetrisch und die Ursache von zahlreichen *Erbkrankheiten,* die sich in der F1-Generation bei 50 % der Nachkommen zeigen, z. B. beim Menschen die Rot-Grün-Blindheit oder die Bluterkrankheit, der Zwergwuchs, die Taubheit u. v. a.

Von C. DARWIN (1809–1882) und A. R. WALLACE (1823–1913) sowie dem Zoologen A. HAECKEL (1834–1919) ist die **Triebkraft der Evolution** mit der „natürlichen Auslese" beschrieben worden. Aber Auslese ist kein Wirkprinzip, welches die *Richtung* und die *Ursache* der Evolution bestimmt. Sie beschreibt lediglich die Verteilung und Umverteilung der Erbfaktoren (GENE) auf dem *gleichen Entwicklungshorizont*, jedoch nicht die *Ursache des Artenwandels*, d. h. der Weiter- bzw. Höherentwicklung. In der vorliegenden Arbeit wird diese *Ursache* erstmals thematisiert.

B *Monolokulare* (unilaterale) Veränderungen im Habitus eines Tieres

Wenn die zufallsabhängige Mutation im Zellkern erst **nach** der Teilung der singulären medianen Mutterzelle (smMZ) in *einer* der beiden Tochterzellen (TZn) entsteht, dann enthält nur diese **eine** TZ das mutierte GEN. Beim Embryo resultiert dann eine *monolokulare Fehlbildung* (FB). Auch sie kann in jeder Körperregion vom Kopf bis zu den Beinen (beim Menschen ebenfalls bis zum Ende der achten Embryonalwoche) vorkommen. Sie ist entweder rechts oder links, rostral oder kaudal oder median lokalisiert. Eine monolokulare FB ist *niemals erblich*.

Vererbung in der stammesgeschichtlichen Evolution

Im *fossilen* Material bleiben nur die **Hartgewebe** (Knochen, Kalkgehäuse) erhalten. Sie bezeugen eine im Laufe von vielen Millionen Jahren ablaufende phylogenetische Evolution. Durch eine Mutation während des GEN-Syntheseprozesses (GEN-SPR) in einer smMZ können auch die GENE der **Knochen** verändert werden.

Befunde an *inkompletten* *fossilen* **und** *rezenten Knochen* **und deren Ursachen (Abb. 2).**

EVOLUTION UND VERERBUNG

A. Genese der **erblichen, bilateralesymmetrischen** H a r t g e w e b e

Im Zellkern einer singularen medianen Mutterzelle (smMZ), d. h. einer **Blastomere** oder einer **Epithelzelle** eines prospektiven Embryos entsteht **vor** der Teilung in die beiden Tochterzellen (TZ) eine **zufallsabhängige Mutation.**

Mutation = *fehlerhafter* Syntheseprozess (SPR) eines Gens für ein prospektives Organ.

Dieses Gen ist dann in beiden Tochterzellen enthalten und führt zu einer *bilateralsymmetrischen* (bs) endogenen **Veränderung** im Habitus des Individuums. Im fossilen Material bleiben jedoch nur die **Hartgewebe (Knochen, Kalkgehäuse)** enthalten. Diese können eine im Laufe von vielen Jahrmillionen ablaufende **Evolution** bezeugen.

Mögliche Folgen:

Abbruch zu **Beginn** des SPR → *Komplette Aplasie des Gens* → **bs Aplasie des Organs**

Abbruch des bereits begonnenen SPR, **mittig** → *Unvollständiges Gen* **(Teil-Gen)** → **bs Hypoplasie/Stumpf, Peromelie**

An einer Extremität kann ein ***Teil-Gen*** entstehen, dem prospektiv ein sehr kurzer Langknochen + eine interkalare Hypoplasie des **Rest-Gens** + eine normale Synthese aller weiteren Gene dieses Strahls folgen → **bs Phokomelie**

B. Genese der **erblichen, bilateralesymmetrischen** W e i c h g e w e b e

Bei der smMZ entstehen infolge einer zufallsbedingten Mutation eines Gens **vor** ihrer Teilung auch bs Veränderungen der prospektiven **Weichgewebe.**

Bei der **Miose** werden dann die **Chromosomenpaare** voneinander getrennt.

Wenn eine Sexualzelle ein mutiertes Gen enthält, dann kann die betroffene *Chromatide* beim Träger die Entwicklung einer **Erbkrankheit** der inneren und äußeren weichen Organe auslösen. Auf diese Weise entstehen bei max. 50 % der Nachkommen z. B. die Rot-Grün-Blindheit, oder die Bluterkrankheit, der Zwergenwuchs, die Taubheit u. v. a. Erbkrankheiten.

Da aber die **Weichgewebe** nur bei rezenten Lebewesen vorhanden sind, jedoch im fossilen Material verloren gingen, können sie keine evolutionäre Veränderungen bezeugen.

Pathogenese der **mononuklearen, nie erblichen** Fehlbildungen

Wenn erst **nach** der Teilung einer smMZ eine zufallsbedingte Mutation entsteht, dann resultiert – von *einer* der Tochterzellen ausgehend – eine *monolokulare Fehlbildung.* Diese ist entweder rechts oder links, rostral oder kaudal, innen oder außen lokalisiert. Sie ist nie erblich. Zu Ihnen gehört die überwiegende Mehrzahl der endogenen Fehlbildungen. (Siehe PGDF, Bd. 1 und 2).

Abb. 2. Pathogenese der bilateralsymmetrischen *Fehlbildungen* bei fossilen und rezenten Spezies.

4 Bemerkungen zu einigen in der Monografie „Evolutionsbiologie“ von U. KUTSCHERA (2014, 4. Auflage) enthaltenen Aussagen, die heute überholt sind

Dortige Seite 52: ***„Atavismen beim Menschen“.***

Abb. 2.20 A. „Junger Mann mit Halsfistel“.

Es handelt sich um keinen Atavismus, nicht um das Wiederauftreten von Merkmalen der Vorfahren, d.h. um keine offene dritte Kiemenspalte, keine Hemmungsfehlbildung.

Die kongenitale *laterale Halsfistel* ist eine monolokulare, rechts- oder linksseitige, nicht erbliche *Überschussfehlbildung,* d.h. eine frühembryonale Neubildung.

Abb. 2.20 B. ***„Ein Junge mit Schwanzfortsatz“.*** Diese Überschuss-FB repräsentiert *keinen* Atavismus, sondern einen median oder paramedian inserierenden *Pseudoschwanz,* ein *Teratom* der Lumbalregion. Diese ist die Folge einer frühembryonalen, *freien Keimversprengung.* Der Tumor kann außer Fettgewebe auch Bindegewebe und glatte Muskulatur oder auch ein kleines Knochenstückchen enthalten, jedoch nie einen Wirbel. (OTTO, H.-D. (2017): PG der FBen, Band 1, S. 672 ff.)

Seite 132: ***„Evolutionärer Übergang“.***

„Landsäuger/Seekuh“, „... die sich an Land und im Wasser fortbewegen konnte und ein perfektes ***connecting link*** im Übergangsbereich zum aquatischen Leben darstellt.“

Die **Seekuh** (Sirene) ist anatomisch durch ein inkomplett fehlendes Becken und komplett fehlende Beine charakterisiert. Die langen Röhrenknochen ihrer vorderen Extremitäten sind stark verkürzt, distal weisen sie jedoch bs, *fünf-*

strahlige Flossen auf. – Es handelt sich dabei *nicht* um einen Übergang zwischen *Landsäugern* und *Seekühen,* sondern: Der sehr frühe Embryo einer quadrupeden ***Robbe*** entwickelte sich etwa vor 30 bis 40 Millionen Jahren in einer *singulären medianen Mutterzelle* (smMZ) einer trächtigen *Robbe* (PINNIPEDIA). Im Nukleus der smMZ war kurz nach dem Beginn des Syntheseprozesses des GENS für das *prospektive Becken* noch **vor** der Teilung in die beiden Tochterzellen eine zufallsabhängige Mutation entstanden. – Folge: Dieses *mutierte GEN* fand sich nach der Teilung der Mutterzelle in *jeder* der beiden Tochterzellen. Im Habitus des Neugeborenen (der **Ur-Sirene**) fehlten bilateralsymmetrisch *beide Beckenhälften fast komplett* und es bestand eine *Aplasie der hinteren Extremitäten.* Die kurzarmigen, fünfstrahligen Vorderflossen waren (wie beim Robben-Muttertier) erhalten geblieben. – (Siehe unten: *Marine Säugetiere,* Abschnitt 18a und 18b). (Tab. 4.2, *Nr. 10*)

„Übergangsformen zwischen amphibisch lebenden Urhuftieren und aquatischen Walen; die ***connecting links*** konnten im Meerwasser durch Paddelbewegungen schwimmen und an Land umherkriechen.“

Auch diese herkömmliche Vorstellung ist korrekturbedürftig: Der erste ausschließlich aquatisch lebende Wal **(Ur-Wal)** entstand zweifellos in einem *Embryo* von einer im Uferbereich eines Meeres sowohl terrestrisch als auch aquatisch lebenden, **trächtigen Seekuh.** In diesem Tier wurde im Nukleus einer smMZ der Syntheseprozess des GENS für den prospektiven **zweiten Halswirbel** durch eine *zufallsabhängige Mutation* noch **vor** der Teilung in ihre beiden Tochterzellen von Anfang an abgebrochen und er fiel damit aus.

Jede der beiden Tochterzellen enthielt dann diesen GEN-Defekt. Im Habitus des Wal-Säuglings blieben dadurch die beiden Hälften des *Epistropheus* **aplastisch.** Das Sirenen-Kind konnte jetzt seinen *Kopf weder drehen noch anheben.* Bei diesem ersten warmblütigen *Ur-Wal* bestand ein fischförmiger Körper. Er lebte ausschließlich vollaquatisch. Die beiden fünfstrahligen, kurzen vorderen Paddeln blieben, wie die bei seiner Sirenen-Mutter, erhalten. (Siehe unten: *Marine Säugetiere,* Abschnitt 18c.)

Die erste Robbe **(Ur-Robbe)** entstand dagegen in einem Embryo, der sich in einem trächtigen, quadrupeden, **reinen Landsäugetier** ebenfalls im Nukleus einer smMZ durch eine zufallsabhängige GEN-Mutation *vor* der Teilung in ihre beiden Tochterzellen entwickelt hatte. In dieser smMZ waren jedoch – fast synchron – **zwei** zufallsabhängige **Mutationen** aufgetreten, d. h. je eine beim GEN-SYNPR für die prospektiven Anlagen (a) der Ober- **und** (b) der Unterschenkel. Nach der Teilung der MZ enthielt dann jede TZ die beiden gleichen GEN-Defekte. Das Ergebnis war eine **Tetraphokomelie,** bei der die entsprechenden Röhrenknochen sehr kurz ausgebildet waren.

Diese erste Ur-Robbe entwickelte sich im Uferbereich eines größeren Gewässers bzw. am Meeresufer, wo sie (sowie ihre Nachkommen) sich abwechselnd an Land bzw. im Wasser aufhielt(en) und bis heute dort aufhalten. – Siehe Abschnitt 18a: Robbenverwandte (PINNIPEDIA, Flossenfüßige).

Möglicherweise ist eine *tetraphokomele* Ur-Robbe *(Allodesmus)* in einem rekonstruierten Skelett, das von E. D. MITCHELL (1975) sowie von R. L CARROLL (1993) beschrieben wurde, erhalten geblieben. (Siehe Kapitel 18: Marine Säuger, Abb. 33, 34 und 36, S. 73 und 76.)

In der Evolution ergibt sich daraus die folgende Stammesgeschichte der *aquatischen Säuger:* Zuerst entstanden → die Robben, *aus diesen* → die Sirenen und zuletzt *daraus* → die Waltiere.

5 Embryonalentwicklung von Kopforganen in der Evolution

5a Gehirn und Rückenmark

Im Standardwerk von KUTSCHERA (2014) „Evolutionsbiologie" findet sich die Frühentwicklung des ZNS bisher nicht thematisiert. Jedoch trifft der Evolutionsforscher dabei auf aufregende Neuigkeiten.

Gehirnentwicklung (Abb. 3 und 4)

Zwischen den Anlagen des Metencephalons (Hinterhirn) und des Myelencephalons (Nachhirn) verläuft die schlauchförmige Gehirnanlage zunächst gestreckt. Jedoch bald entsteht hier zwischen der ***Scheitelbeuge*** (SB) und der ***Nackenbeuge*** (NB) die sich immer stärker nach ventral vorwölbende ***Brückenbeuge*** (BB). Diese wird von den Geweben des ***Kiemenbogens I*** (KB I) und des ***KB II*** ventral und bilateral von Mesenchym und Oberflächenektoderm (OEK) umhüllt. Anschließend wächst das Volumen des Mittelhirns ***(Mesencephalon)*** besonders stark, wodurch die dorsalen Hirnhüllen sowie die NB und die BB ebenfalls nach ventral verlagert werden.

Dabei wird das dorsale Ende des I. KB ***(Mandibularbogen)*** und des II. KB ***(Hyoidbogen)*** nach *rostral* mitgenommen, d. h. der rechte und der linke KB werden ***nach rostral gekrümmt.*** Die zwischen den beiden KB befindliche ***1. Kiemenfurche*** (1. KF) und die ***1. Schlundtasche*** (1. ST) sind dabei zwangsläufig an dieser ***Rostralkrümmung*** beteiligt (Abb. 3 und 4).

Der Krümmungsscheitel der 1. KF und der 1. ST befindet sich nächst dem dorsalen Ende der Mundöffnung zwischen dem prospektiven *Oberkiefer* (OK) und dem I. KB. Hier entwickelt sich das primäre Kiefergelenk (KG). Es verbleibt in situ und bleibt von der dorsal davon ablaufenden Rostralverlagerung (dem ***Rostralshift,*** RSH) unberührt. Die dem RSH unterliegenden Strukturen des Hyoidbogens (HB) legen sich der Anlage des primären Kiefergelenks von dorsal an. Das aus ihnen entstehende mesenchymale Gewebe bildet die Schädelbasis dieser Region mit dem prospektiven *Os temporale* (Schläfenbein).

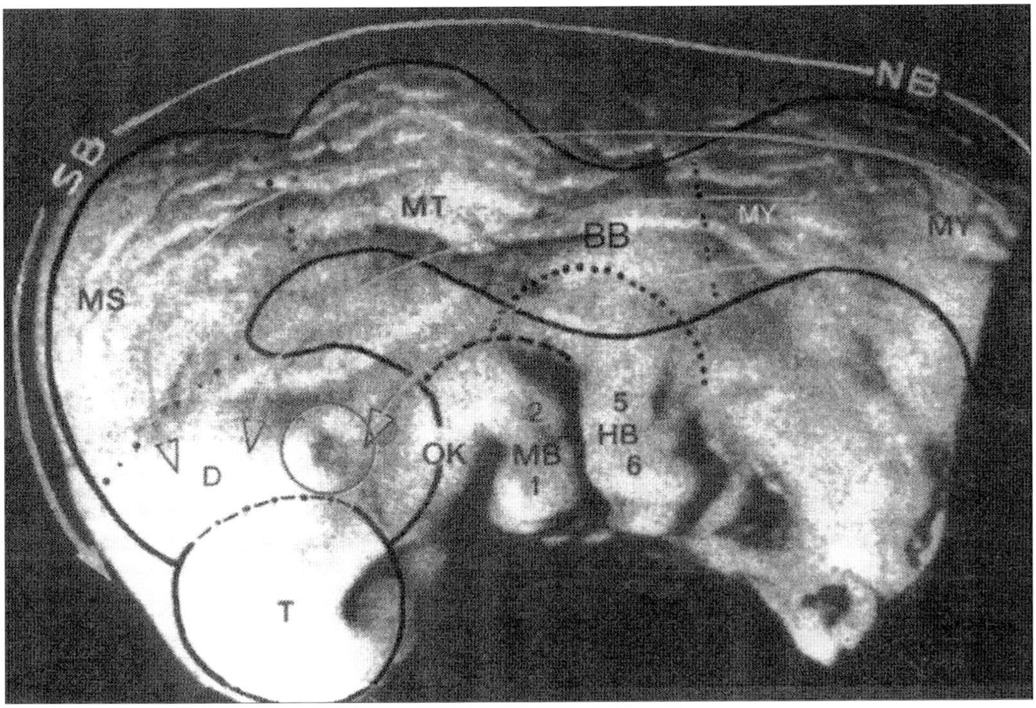

Abb. 3. Kopf eines menschlichen Embryos von 8 mm SSL (35. Tag), linke Seite.
Beginn des Rostralshifts der dorsalen Hirnhüllen (lange, graue Streifen) und der 1. Kiemenfurche zwischen dem Mandibularbogen (MB) und dem Hyoidbogen (HB). Beginn der Ausbildung der Brückenbeuge (BB).
T Telencephalon, *D* Diencephalon, *MS* Mesencephalon, *MT* Metencephalon, *MY* Myelencephalon. *1, 2, 5* und *6* „Ohrhöcker".
Die Grenzen der Kiemenbögen I und II sind als schwarz gepunktete Kurven gezeichnet. Es sind die nach rostral shiftenden Abschnitte des Mandibular- und des Hyoidbogens. *OK* Oberkieferfortsatz, *NB* Nackenbeuge, *SB* Scheitelbeuge. – Aus: HOCHSTETTER, F. (1952), Abb. 5b. Die weiße Beschriftung (SB, NB) wurde nachträglich eingefügt.

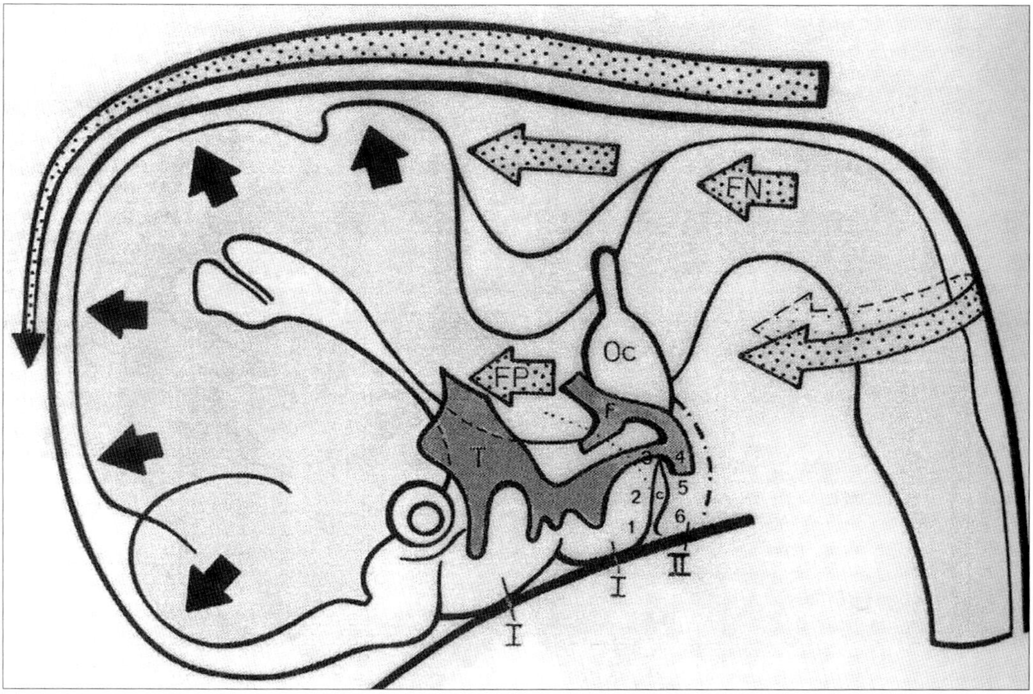

Abb. 4. Kopf eines menschlichen Embryos von 14 mm SSL (41. Tag).

Durch das starke Wachstum des Mesencephalons *(kurze, schwarze Pfeile)* wurden das *Rostralshift* der Hirnhüllen *(gepunktete Pfeile)* sowie die Krümmungen der Brückenbeuge (Flexura pontis, *FP*) und der Nackenbeuge (Flexura nuchalis, *FN*) verstärkt. Die axialen KB-Nerven (N. trigeminus, *T*, und N. facialis, *F*) sowie die jetzt auch ausgebildeten Ohrhöcker *3* und *4* nehmen ebenfalls am Rostralshift teil; sie gehören ausschließlich zum Hyoidbogen, dessen dorsaler Abschnitt dem Rostralshift folgt. *Oc* Otozyste (Anlage des Innenohrs), *c* prospektives Cavum conchae; es liegt zwischen den Anlagen des Unterkiefers und der Anlage der Ohrmuschel und des Halses.
Die Ohrhöcker *1* und *2* entstehen auf dem I. **Kiemenbogen**, die Ohrhöcker *3, 4, 5* und *6* auf dem II. **KB**. Aus: HOCHSTETTER, F. (1952).

Die Frühentwicklung des *Rückenmarks* wird hier nicht besprochen. Für den Evolutionsbiologen sind dort jedoch zwei Aspekte (A und B) besonders interessant:

A. Am *Neuroporus caudalis* ist es vom 28. bis zum 30. Tag die *Regio präformans.*
B. Am kaudalen Ende des Rückenmarks findet die vermeintliche „sekundäre" Neurulation statt. – Siehe: OTTO, H.-D. (2017): PGdFB, Band 1, Seiten 536–537 und Seiten 544 ff.

5b Kaugelenke

Die Dynamik der skizzierten frühen Gehirnentwicklung beeinflusst auch die im proximalen Ende des *Hyoidbogens* (Ohrhöcker 4 und 5) lokalisierten prospektiven mesenchymalen Strukturen, die dem Rostralshift unterliegen. Diese umfassen zwei Entwicklungen (A und B):

A. Bilateralsymmetrisch *löste* sich aus der *temporalen Schädelbasis* je ein mesenchymaler Teil – das flache, **bewegliche**, prospektive **Os quadratum (Q).** Ventral davon befinden sich die Spalten des rechten und des linken **primären KGs,** d. h. der beiden *Scharniergelenke.*

Damit entwickelte sich in der Oberen TRIAS bei den *Höheren Therapsiden* dorsal vom Q je ein zusätzlicher Gelenkspalt, der in der Horizontalebene *Gleitbewegungen* der bs Unterkieferäste ermöglichte (siehe Kapitel 10, Abb. 11 sowie Kapitel 13, Abb. 18).

B. Zwischen dem oberen und dem unteren Gelenkspalt wurde beiderseits das Q zum belastungsstabilen *Discus articularis.* Mit diesen Doppelkiefergelenken konnten nun ***Kaubewegungen*** ausgeführt werden. Sie kommen bei vielen *Warmblütern* vor: bei allen Säugern sowie bei deren Vorläufern, den *Höheren Therapsiden.* Mit dem Kauen erreichten diese säugerähnlichen Reptilien die Stufe der Warmblütigkeit *(Homoiothermie).* (Kapitel 11, Abb. 13 und 14 sowie Kapitel 18a, Abb. 32). Gleichzeitig entwickelten sie ein differenziertes Gebiss mit Schneide- und Mahlzähnen.

Homoiotherm waren auch die von den Höheren Therapsiden abzweigenden *Hangler und Segler* sowie die von diesen wiederum zum *terrestrischen* Leben *zurückkehrenden, bipeden,* sehr flinken, kleinen Dinosaurier (Abb. 43). Mit zunehmender Körpergröße wandelten sich deren Zähne wieder in gleichförmig-spitze Reißzähne um, (die z. B. bei *Tyrannosaurus rex* zu bewundern sind). (Siehe Abschnitte 10, 11 und 12 sowie OTTO, H.-D. (2017) PGdFB, Band 1, S. 551–552).

5c Gehörorgan

Die 100 Jahre alte *REICHERT-GAUPP-Theorie* ist eine **Fiktion.** (Siehe Abschnitt 19b.) Denn bei jedem Säuger-Embryo *bleiben* die Anlagen von Hammer, Amboss und Steigbügel *Derivate des Hyoidbogens,* in dessen dorsalem Abschnitt sie ebenfalls dem *Rostralshift* unterliegen.

Bei den Vorfahren der Säuger war das Trommelfell nur mit einem zarten Knöchelchen, der ***Columella,*** verbunden. Sie leitete die Bewegungen des Trommelfells auf den Steigbügel über. Mit dem rapiden Körperwachstum der warmblütigen Höheren Therapsiden entleerte sich aus ihren Lungen und dem Kehlkopf ein zunehmend lauter werdendes Brüllen. Dabei entwickelte sich ein *Schutzmechanismus für das Innenohr,* wo in der **Hörschnecke** die lärmempfindlichen Haarzellen aufgereiht sind.

Die ***Columella*** erfuhr evolutionäre Veränderungen:

a) eine Massenzunahme,
b) eine Teilung in *Hammer* (Malleus) und *Amboss* (Incus).

Zwischen diesen beiden Knöchelchen befindet sich bei den Säugern ein Spalt, dessen beide Oberflächen eine feine Zähnung aufweisen (Zahngelenk). Der Spalt wird mit schrägen, elastischen Fasern überbrückt. Bei der normalen Funktion wirken beide Ossikula als eine gegeneinander unbewegliche Einheit. Wenn allerdings plötzlich *starker Impulsschall* auf das Trommelfell auftrifft, wird der Hammer *mit seinem langen Griff allein nach innen gedreht.* Dabei werden die schrägen, elastischen Fasern gedehnt und der Gelenkspalt zwischen Malleus und Incus wird geöffnet. Auf diese Weise wird kurzzeitig *keine* Schallenergie auf Amboss und Steigbügel weitergeleitet. (Siehe Abschnitt 19b, S. 87 und 88)

6 Vererbung

Der Terminus „Vererbung" kommt im hier auf S. 12 zitierten Werk von KUTSCHERA (2014, 339 Seiten), leider weder im Glossar noch im Register vor. Wie ist das zu erklären? Über den genetischen Mechanismus der Vererbung und damit zugleich über die *genetischen Ursachen für den Artenwandel in der Evolution* hatte OTTO, H.-D. (2020) publiziert. Eine aktualisierte 3. Auflage mit dem Titel ***Evolution und Vererbung*** liegt mit der hier vorliegenden Ausgabe (2024) vor.

In der Stammesgeschichte kommt Vererbung ausschließlich bei Spezies mit bilateralsymmetrischen Köpermerkmalen vor.

Trotz der zunehmenden Vielfalt (Diversität) im Stammbaum der Evolution haben alle fossilen Spezies und alle rezenten, normalen Tiere zwei spiegelbildlich gleiche, äußere und innere Körperseiten. Eine Ausnahme bilden die erwachsenen Stachelhäuter, deren Larven aber ebenfalls bilateralsymmetrisch ausgebildet sind.

Vorangehend wurde begründet, weshalb eine zufallsabhängige Mutation im Zellkern einer smMZ ***vor*** deren Teilung in die beiden Tochterzellen eine bleibende, evolutionäre Höherentwicklung bewirken kann – aber nicht zwangsläufig ist.

Nachfolgend werden *sprunghafte* Veränderungen bei fossilen und rezenten Vertretern verschiedener Vertebraten erörtert. Sie nehmen jeweils eine höhere evolutionäre Stufe ein. Im Visier stehen dabei zunächst die *säugetierähnlichen Reptilien (Höhere Therapsiden),* die vom Mittleren PERM bis zur Mittleren TRIAS lebten. Anfangs waren diese noch kaltblütig, aber dann entwickelten sie im Bereich der ***Kiefergelenke*** Veränderungen, welche das ***Kauen*** ermöglichten und zur Entstehung der *Homoiothermie* führten.

Die *Warmblütigkeit* wurde dann – vor etwa 220 Millionen Jahren – im Zuge der stammesgeschichtlichen Entwicklungsexplosion (Radiation) an verschiedene Taxa weitervererbt. Bei allen spielt außer ihrer sich verändernden Lebensweise stets das ***Kiefergelenk*** (KG) eine entscheidende Rolle.

7 Evolutionäre Sprünge

Sie bewirken eine *Anpassung* von neuen bilateralsymmetrischen Strukturen in der Stammeslinie

In der biologischen Evolution ereigneten sich im Verlauf der vielen Millionen Jahre immer wieder zufallsabhängige Mutationen. Beim Träger einer *monolokularen, nicht erblichen FB* blieben solche stets erfolglos, denn er verstarb ohne einen erblichen Nachkommen.

Aber wenn sich die spontane Mutation eines GENS im Nukleus einer smMZ bei einem Embryo bereits *vor* ihrer Teilung in die beiden Tochterzellen ereignete, bewirkte das mit einer 50%igen Wahrscheinlichkeit im Phänotyp dieses Tieres eine bilateralsymmetrische erbliche Veränderung. Der Habitus des Tiers konnte sich gegebenenfalls *vorteilhafter als bei anderen Individuen* erweisen, was ihm und seinen Nachkommen im „struggle of live" eine deutlich höhere Überlebenschance sicherte.

Im Stammbaum der Evolution markierte ein Tier, welches das neue evolutionäre Merkmal trug, die Position der Abzweigung jenes Astes, der die neue Spezies kennzeichnete. Diese Tiere repräsentierten einen evolutionären Sprung, d. h. eine plötzlich eingetretene, erbliche „höhere evolutionäre Stufe".

Diese Formulierung ***widerspricht*** dem von KUTSCHERA (2010) zitierten Naturgesetz, dem *Generationen-Kontinuitätsgesetz: „natura non facit saltum".*

Kritik: Der „evolutionäre Sprung" wird als das punktuelle evolutionäre Ereignis bezeichnet. Er repräsentiert die *hereditäre* evolutionäre Veränderung, d. h. die Höherentwicklung.

Auch die von KUTSCHERA (2010) zitierten Naturgesetze 1 und 2 der *Evolutionsbiologie* und *Paläobiologie* spiegeln die Natur nicht tief genug wider:

(1) *Zell-Generationengesetz:* „Die Bausteine der Lebewesen (Zellen) entstehen immer aus einer Vorläufer- oder Mutterzelle." Regel: „omnis cellula e cellula."

Kritik: Nicht Zellen, sondern die GENE im Zellkern einer singulären medianen Mutterzelle (smMZ) repräsentieren jene relevanten biologischen Einheiten, die einerseits den Fortbestand einer Art garantieren und aus deren zufallsabhängiger Mutation andererseits jeweils eine bleibende, hereditäre evolutionäre Veränderung des Habitus, ein Artenwandel, resultieren kann.

(2) *Fossilreihen-Ablagerungsgesetz:* „Die Geschichte der Lebewesen der Erde ist im Buch der Sedimentgesteine niedergeschrieben." Regel: „ex libro lapidum historia mundi."

Es stimmt zweifellos, dass sich die Reste der *älteren* Lebewesen *unterhalb* von denen der jüngeren befinden.

Kritik: Leider besagt diese Regel nicht, dass die fossilen Lebewesen aller Ablagerungsschichten einen bilateralsymmetrischen Habitus aufweisen und welches der Grund dafür ist.

8 Kiefergelenk (Ginglymus) der *kaltblütigen* Vertebraten

Ihre davon abhängige Lebensweise

Vertreter: Knorpel- und Knochenfische, die Quastenflosser (erstmals vor 400 Millionen Jahren nachgewiesen), sowie die ab dem KARBON (ab 340 Millionen Jahren) entweder nur als erwachsene Tiere oder ständig terrestrisch lebenden, *wechselwarmen* Lurche (Amphibien, ab ca. 260 Millionen Jahren), die kleinen und die großen *Reptilien* (Kriechtiere) einschließlich der ebenfalls noch wechselwarmen kleinen und großen, *quadrupeden Dinosaurier* (ab 250 Millionen Jahren bis 66 Millionen Jahre).

Sie alle besaßen bilateral jeweils ein *Kiefergelenk* zwischen dem oben befindlichen *Os temporale* (T) *oder* dem *Os quadratum* (Q) und dem darunter angeordneten *Articulare* (Ar), dem *Proc. condylaris* (PC). Müller schreibt: „Das Quadratum, an dem der Unterkiefer artikuliert, ist meist mit dem Schädel verbunden, weniger häufig beweglich (streptostyl).“ (Abb. 5)

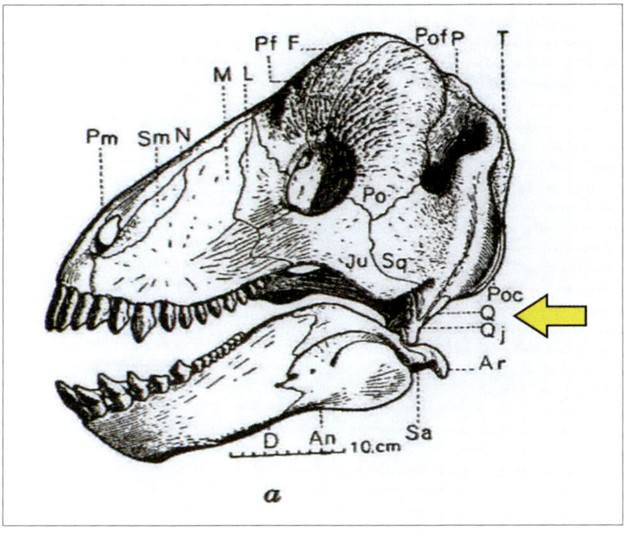

Abb. 5. Schädel von *Ulemosaurus svijagensis* RIABININ, einem noch poikilothermen Frühen Therapsiden aus dem Mittleren PERM. Ansicht von links.– Aus: F. v. HUENE (1956), Abb. 319.

Das unbewegliche Quadratum (Q) ist vom Quadrojugale (Qj) und vom Squamosum (Sq) umgeben. Der gelbe Pfeil wurde nachträglich eingefügt.

Das Biogenetische Grundgesetz (HAECKEL 1866) besagt: „Die frühe Entwicklung des Embryos rekapituliert ganz kurz die Stammesgeschichte."

Die *Kaltblüter* zerteilen ihre Fressbeute mittels der ebenfalls bilateralsymmetrischen multiossären Ober- und Unterkiefer in große Stücke. Die Kiefer sind mit gleich gestalteten, oft spitzen, dem Knochen *aufsitzenden* Zähnen besetzt (Homodontie). Ihre Verdauung geht nur sehr langsam vor sich und ihre Bewegungen sind zumeist relativ gemächlich. Alle vier *Gliedmaßen* sind kurz, vorn und hinten *gleichlang* und stehen entweder gerade oder leicht abgewinkelt unter dem Körper. Jede Extremität besitzt fünf Zehen.

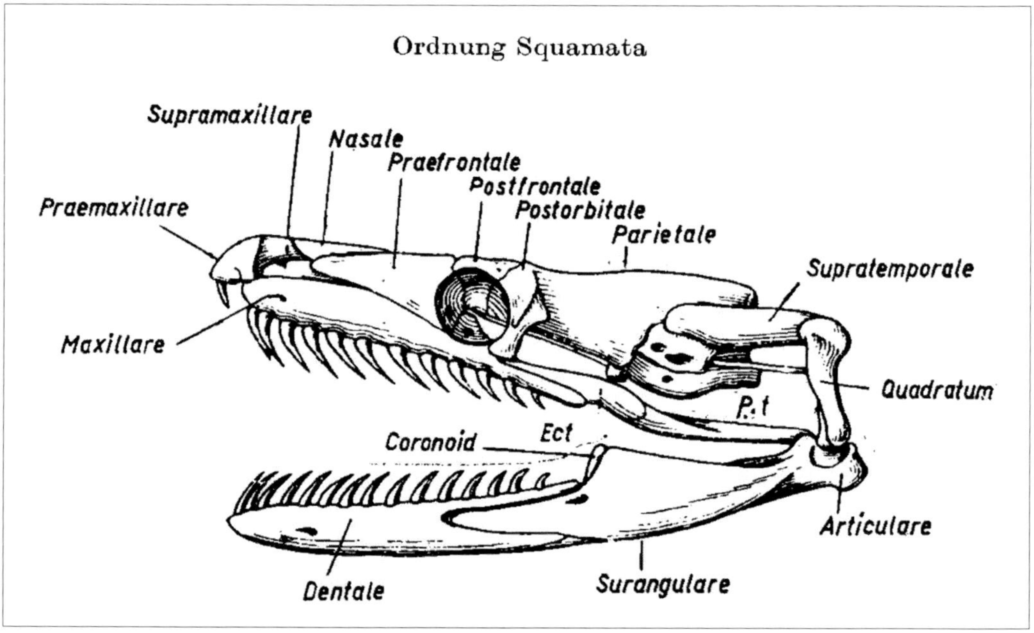

Abb. 6. Python sp. Kopfskelett. Rezent. Länge 10 cm.
Nach HOFSTETTER 1955.

Bei der poikilothermen Riesenschlange (Python) ist das vertikale *Quadratum* sowohl mit dem horizontalen *Supratemporale* als auch mit dem *Articulare* beweglich verbunden. Alle Zähne sind gleichgroß und gleich geformt (Homodontie). – Aus: A. H. MÜLLER (1958), Abb. 326 A.

Bei den rezenten *Schlangen* (Reptilien) besteht das Kiefergelenk aus dem *Articulare* und dem großen, vertikal gestellten, mittels zweier Gelenke stark beweglichen *Quadratum* (Abb. 6). Das obere Gelenk artikuliert mit dem *Supratemporale* und das untere Gelenk mit dem *Articulare.* Bei diesen Tieren veränderte sich in der Phylogenese die Form des Q nur sehr wenig.

9 Dinosaurier (DS)

9a Tetrapode (quadrupede) DS *ohne Panzer*

Nach dem Massensterben während der Unteren TRIAS überlebten zunächst nur sehr kleine Tiere, die jedoch im Verlaufe der Evolution immer wieder größer wurden. *Diplodocus* erreichte sogar eine Länge von 27 Metern (Abb. 7).

Abb. 7. Langhalsige, pflanzenfressende, quadrupede Dinosaurier. – Aus: COX et al. 1994, S. 132–133. Die gewählte Abb. zeigt nur einige dieser riesigen, kaltblütigen Dinosaurier.

9b *Tetrapode* Dinosaurier *mit Panzer*

Auch die *gepanzerten*, quadrupeden, oft riesengroß gewordenen Dinosaurier sind *Kaltblüter* (Abb. 8). Ebenso die quadrupeden *Horndinosaurier*, von denen die Abb. 9 einige Beispiele wiedergibt.

Abb. 8. Gepanzerte, quadrupede Dinosaurier. – Aus: Cox et al. 1994, S. 156–157.

Abb. 9. Horndinosaurier. – Aus: COX et al. 1994, S. 168–169

9c Ichthyosaurier (Fischsaurier)

In der Unteren TRIAS erstmals aufgetreten, eroberten sich die kaltblütigen, quadrupeden Fischsaurier danach etwa 170 Millionen Jahre lang das Meer. Sehr bald kam es zu einer starken Spezialisierung. Diese Reptilien lebten von Fischen und sahen wie solche aus. Als Hauptantriebskraft besaßen sie einen fischähnlichen, ***vertikalen Schwanz,*** der für die ***Bewegungsrichtung und die Geschwindigkeit*** sorgte. Alle vier Gliedmaßen endeten in ***langen, fünfstrahligen, multiknöchernen Schwimmpaddeln.*** Dagegen waren die proximalen und distalen Langknochen der Arme und Beine *sehr kurz.* Die meisten Spezies besaßen eine *hohe Rückenflosse.* Viele brachten *lebendige Junge* im Meer zur Welt, einige legten im Wasser Eier. Die Abb. 10 zeigt einige Beispiele der Fischsaurier.

Abb. 10. Verschiedene quadrupede Ichthyosaurier. – Aus: COX et al. 1994, S. 80–81. (Einige Beispiele).

10 Weltweite Verbreitung der *quadrupeden* Höheren Therapsiden

Verbreitung vom Mittleren PERM bis zum Unteren JURA

Die *säugerähnlichen Reptilien* (Höheren Therapsida) lebten räuberisch. Sie besaßen bereits Schneidezähne, große Eckzähne und Mahlzähne (Heterodontie). Sie alle *legten Eier*. Die Vorhöfe des Herzens waren vollständig, die Kammern dagegen immer noch unvollständig getrennt.

Nach F. R. v. HUENE (1956) war das Q „ein ganz kleines Knöchelchen geworden". Relevante Abbildungen aus seiner Monografie lassen vermuten, dass spätestens ab dem Oberen PERM bzw. in der Unteren TRIAS bei den Therapsida die feste Verbindung mit der Schädelbasis verlorengegangen und das ***kleine, flache Q*** für das Articulare zur ***beweglichen Gelenkpfanne*** geworden war (Abb. 11).

Phylogenese

Im Oberen PERM bzw. in der Unteren TRIAS entstand in einem Embryo eines Niederen Therapsiden nach dem Beginn des Syntheseprozesses des GENS für einen Teil des prospektiven großen *Os temporale* im Nukleus der smMZ **vor** der Teilung in die beiden Tochterzellen eine zufallsabhängige Mutation. Diese induzierte bilateralsymmetrisch die Ablösung von zwei kaudalen Anteilen vom großen *Os temporale*. Im Phänotyp imponierte das dann bilateral jeweils als ein Spalt zwischen der unbeweglichen großen Schädelbasis (Os temporale) und den bilateralsymmetrisch von ihr abgelösten Ossa quadrata (Q). Dadurch erhielt jedes der beiden eine anatomische Zwischenposition: Wie bisher artikulierten die beiden Q einerseits mit dem *Articulare (Proc. mandibularis)* und andererseits mit der fixen Schädelbasis, dem *Os temporale* (T). Auf ihren schädelbasisnahen, oberen Flächen entstand bilateral ein zusätzliches Gelenk, ein ***Gleitgelenk.*** Im Zusammenspiel der oberen mit den unteren Gelenken wurden die beweglichen Q bilateral immer flacher, sie funktionierten beiderseits als *Discus articularis.* Diese Entwicklung war die Folge von zahlreichen zufallsabhängigen Mutationen. Die dadurch erreichte *universelle Mobilität des Unterkiefers* ermöglichte jetzt das KAUEN.

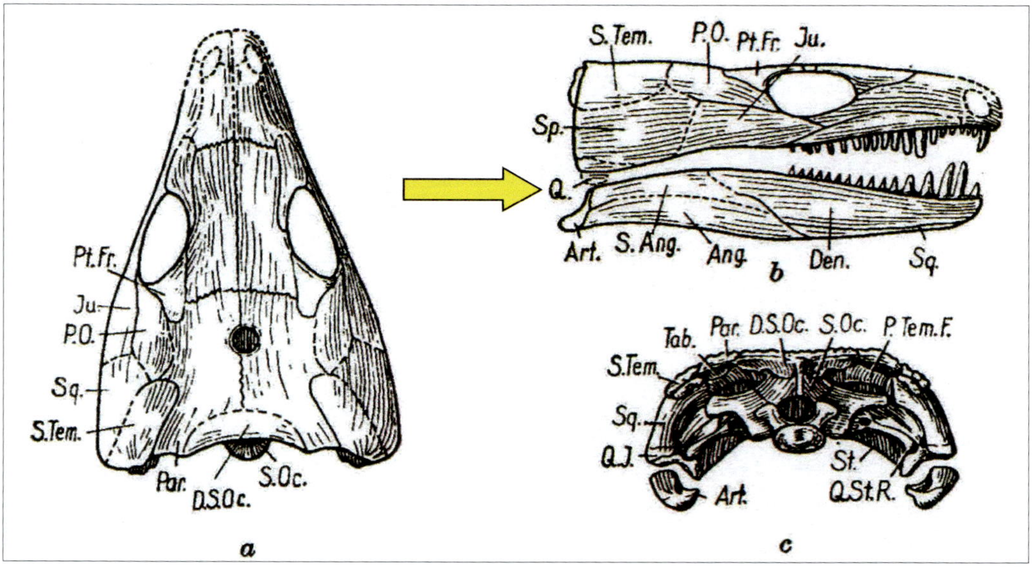

Abb. 11. Schädel von *Paracaptorhinus neglectus* WATSON aus dem Unteren PERM von Texas in drei Ansichten. Länge ca. 8 cm. – Aus: F. v. HUENE (1956), Abb. 289.

Das wahrscheinlich noch fest verankerte oder vielleicht bereits bewegliche Quadratum (Q), (auf das der nachträglich eingefügte *gelbe Pfeil* hinweist), ist sehr klein. Es artikuliert mit dem Articulare *(Art).*

11 Entstehung der *Homoiothermie*

Die Genese der Homoiothermie und ihr Fortbestand bei den Säugern sowie bei anderen Spezies ist in der biologischen Forschung bisher zu wenig thematisiert worden. DARWIN (1859) und WALLACE (1859) machten dafür die „natürliche Auslese“ zwischen den reifen Spezies verantwortlich. Aber bevor eine „natürliche Auslese“ möglich war, musste mindestens ein Tier ein *neues, erbliches* Merkmal besessen haben, damit sich sein jeweiliger Träger im Lebenskampf damit siegreich bewähren konnte.

Ein *verändertes* Körpermerkmal konnte zwingendermaßen nur während der frühen Embryogenese durch eine zufallsabhängige *Mutation eines GENS im Nukleus einer smMZ eines Embryos* entstanden sein. Der Syntheseprozess des GENS für das entsprechende prospektive Organ musste bereits **vor** ihrer Teilung in die beiden Tochterzellen gestört bzw. frühzeitig abgebrochen worden sein. Erst daraus ergab sich die Chance, dass der Embryo im Habitus bilateralsymmetrische Veränderungen aufwies und diese bei einem Teil der Nachkommen *erblich* waren.

Bei den ***Lurchen*** waren die bilateralsymmetrisch angeordneten Herzkammern noch vollständig voneinander getrennt gewesen. Bei den ***Reptilien*** waren sie schon inkomplett miteinander fusioniert. Infolge der weiter gewachsenen motorischen Anforderungen bei den ***Säugetieren*** wurde dann die Kammerscheidenwand vollständig geschlossen und damit der intrakardiale Blutfluss weiter verbessert. Die Trennung des Kreislaufs in eine sauerstoffreiche und eine sauerstoffarme Seite war damit komplett.

Bei den *Höheren Therapsiden* hatte sich mit dem verbesserten Kiefergelenk ein ***Kaugebiss*** entwickelt. Dessen Vorteile waren: Mit dem Kauen konnte jetzt pro Zeiteinheit wesentlich mehr Nahrung aufgenommen und im Magen-Darm-Kanal sowie in der Leber verdaut werden. Dadurch stand jetzt mehr verwertbare Energie als bei den Kaltblütern zur Verfügung. Infolge des neuen Kiefergelenks waren die Muskeln kräftiger und die Tiere schneller geworden. Das bewirkte wiederum eine zunehmende Optimierung ihres Kreislaufs.

Kaubewegungen auszuführen bedeutet: Beide Seiten des Unterkiefers werden mittels der Kaumuskulatur entweder seitengleich, abwechselnd nach vorn, dann nach hinten oder seitendifferent, d.h. auf der einen Seite nach vorn und auf der anderen nach hinten, bewegt. Mit der Zerkleinerung und dem Zermahlen der Nahrung beschleunigte sich die Verdauung wesentlich und die Warmblütigkeit wurde stabilisiert (Abb. 12).

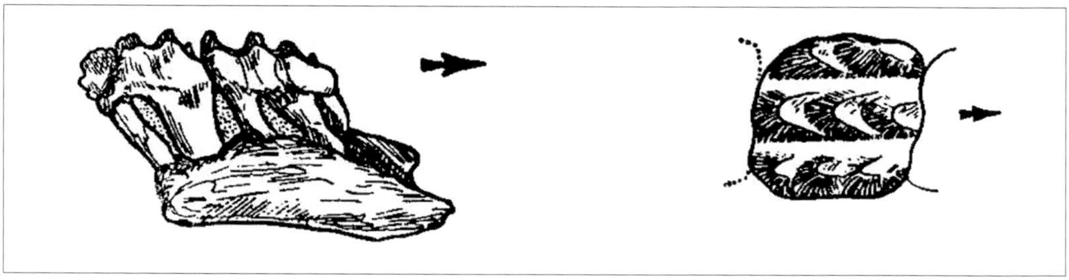

Abb. 12. Zweiwurzelige Molaren in der Maxilla von *Tritylodon longaevus* OWEN aus der Oberen TRIAS.

Nach BROILI & SCHRÖDER aus F. v. HUENE (1956), Abb. 406.
Die sieben Backenzähne des Oberkiefers haben je drei Langreihen von Tubercula, die sieben des Unterkiefers aber nur je zwei. Sie könnten trotzdem zu einem kauenden Gebiss gehören.

Die Höheren Therapsiden waren *quadrupede* Tiere, welche die Warmblütigkeit erreicht hatten. Möglicherweise ist ***Euparkeria*** ein „missing link", eine Übergangsform von den poikilothermen, quadrupeden Reptilien zu den homoiothermen, quadrupeden Therapsiden (Abb. 13 und Abb. 14).

Die eierlegenden Ursäuger und ihre Nachfahren *(Beuteltiere* und *Plazentatiere)* blieben ***quadruped.*** Dagegen wurden einige der eierlegenden, *warmblütigen* Hangler wieder zu terrestrisch lebenden, flinken, *bipeden* Tieren ***(bipede Dinosaurier).***

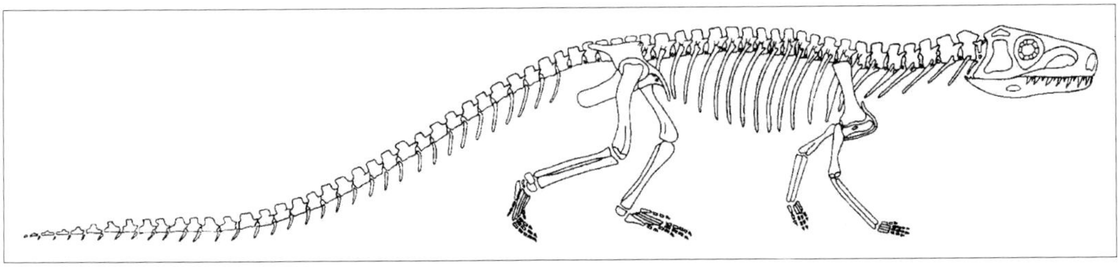

Abb. 13. Ganzkörperskelett der *Euparkeria*. Der primitive Archosaurier war etwa 50 cm lang. Nach EWER 1965. – Aus: CARROLL 1993, Abb. 13.2, Seite 287.

Der leichte Körperbau von *Euparkeria* entspricht dem eines frühen, noch quadrupeden Hanglers. Die Arme sind hier schon deutlich kleiner als die Beine.

Sein niedriges Gewicht spricht für eine arboreale Lebensweise des frühen Hanglers. Darauf deuten besonders das bilateralsymmetrische, laterale *Mandibularfenster*, das große *Antorbitalfenster* sowie das *Retroorbitalfenster* hin. Das hier gepunktet dargestellte *Quadratum (q)* ist ein großer, vertikaler Knochen, der zwischen *Quadratojugale* und *Squamosum* fest eingefügt ist. Bei den *Galesauridae* wurde dann das Quadratum immer kleiner (CARROLL 1993, S. 395).

Beim Studium einiger Abbildungen von Schädeln aus der Literatur (z.B. CARROLL 1993) fällt auf entsprechenden Zeichnungen das *Fehlen des* Quadratums auf. Das könnte für das bei den *Frühen Höheren Therapsiden* von der Schädelbasis abgelöste Quadratum sprechen, welches zum faserknorpeligen *Discus articularis* wurde. Als eine weiche Struktur hat dieser die Jahrmillionen nicht überlebt. Für diese Befunde sprechen die kleinen, quadrupeden Dinosaurier ohne ein nachweisbares Quadratum (Abb. 15 und Abb. 16).

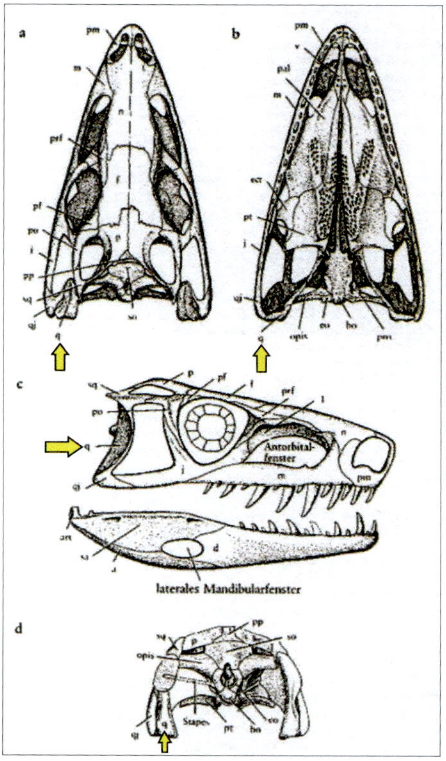

Abb. 14. Kopfskelett des primitiven, *quadrupeden* Archosauriers *Euparkeria*, eines Carnivoren. – Aus: CARROLL 1993, Abb. 13.11, Seite 284. Die gelben Pfeile wurden nachträglich eingefügt.

Solche kleinen *Therocephalia* entwickelten einen sekundären Gaumen; die Backenzähne zeigen verbreiterte Zahnkronen, mit denen gekaut werden konnte (CARROLL 1993).

- *Lycaenops,* ein 1m langer Gorgonopside, zeigt viele Laufanpassungen (COLBERT 1948). – Aus: CARROLL 1993, Abb. 17.27.

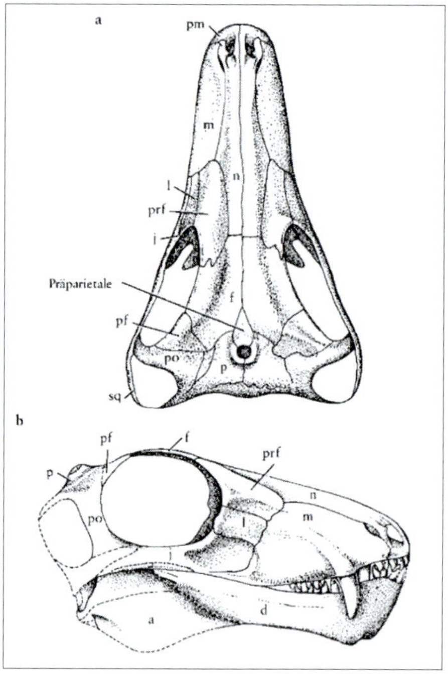

Abb. 15 a, b. Schädel des kleinen Gorgonopsiden *Rubidgina* aus dem Oberen PERM.

Die Orbita ist viel größer als das Schläfenfenster. Ein Quadratum ist nicht vorhanden, d. h. es wurde offenbar der Discus articularis. – Aus: CARROLL 1993, Abb. 17.26.

- *Rubidgina,* ein kleiner primitiver *Ictidorhinide (Gorgonopside)* aus dem Oberen PERM. Schädellänge 10 cm (SIGOGNEAU 1970). – Aus: CARROLL 1993, Abb. 17.26. (Siehe Abb. 15 a, b in der vorliegenden Arbeit).
- *Regisaurus,* ein Therocephalier aus der Unteren TRIAS (MENDREZ 1972). – Aus: CARROLL 1993, Abb. 17.28. (Siehe Abb. 16 a, b in der vorliegenden Arbeit).

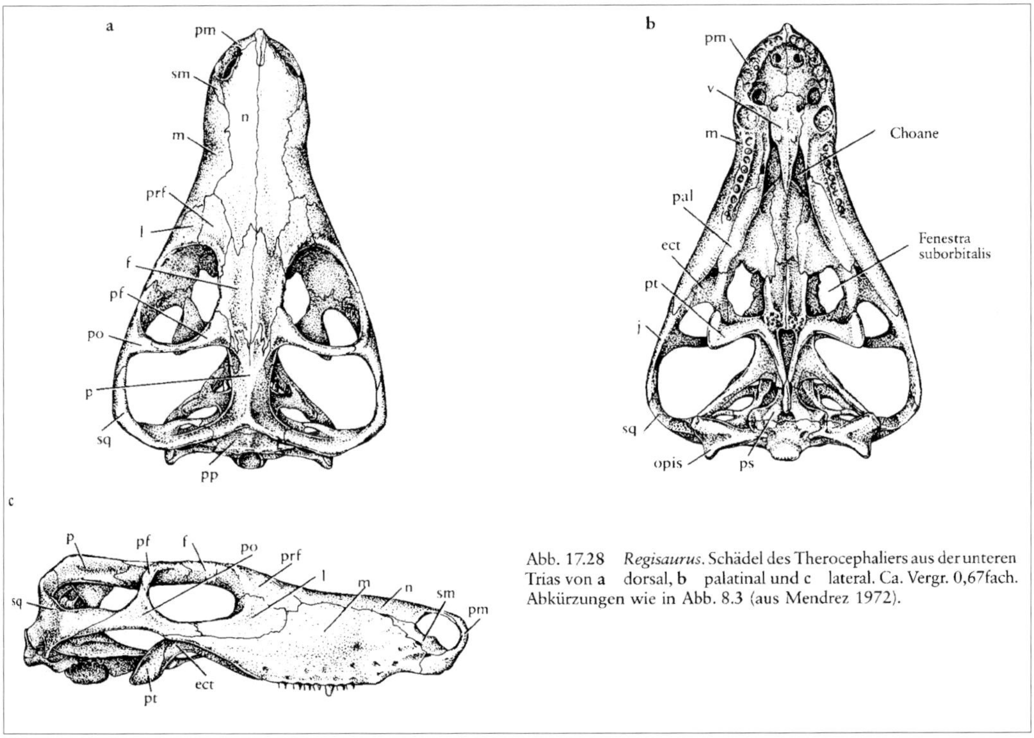

Abb. 16 a, b. Schädel des kleinen Therocephaliers *Regisaurus* aus der Unteren TRIAS. – Aus: CARROLL 1993, Abb. 17.28.

Die folgenden Abkürzungen gelten auch für die Darstellungen in den Kapiteln über die Tetrapoden: a – Angulare, ano – Anocleithrum, art - Articulare, at – vorderes Tectale, bo – Basioccipitale, bs – Basisphenoid, cl – Clavicula, clei – Cleithrum, cor – Coronoid, d – Dentale, ect - Ectopterygoid, eo – Exoccipitale, ept – Epipterygoid, esl – laterales Extrascapulare, esm – medianes Extrascapulare, f – Frontale, gul – Gulare, ina – Internasale, inf – Interfrontale, it – Intertemporale, j – Jugale, l – Lacrimale, lr – laterales Rostrale, m – Maxillare, n – Nasale, o – Operculum, opis – Opisthoticum, p – Parietale, pal – Palatinum, part – Präarticulare, pf – Postfrontale, pm – Prämaxillare, po – Postorbitale, pop – Präoperculum, pos – Postspiraculare, pot – Posttemporale, pp – Postparietale, prf – Präfrontale, pro – Prooticum, ps – Parasphenoid, pt – Pterygoid, ptf – Fossa posttemporalis, q – Quadratum, qj – Quadratojugale, sa – Surangulare, sclei – Supracleithrum, sm – Septomaxillare, so – Supraoccipitale, sop – Suboperculum, sp – Spleniale, sph – Sphenethmoid, spp – Postspleniale, sq – Squamosum, st – Supratemporale, subm – Submandibulare (bildet mit davor gelegenen, weiteren Submandibularia die Submandibularreihe), t – Tabulare, v – Vomer, I-XII – Hirnnerven I-XII (nach Jarvik).

Abb. 17. Abkürzungen. Sie wurden aus einer Abbildungslegende von CARROLL 1993, Abb. 8.3, S. 153, übernommen.

Bei einigen Therapsiden des Oberen PERM existierte möglicherweise ein kleines und mobiles Quadratum, das **Kaubewegungen** ermöglichte.

Seite	**Ordnung**	**Abb.**	**Familie**	**Zeit**
306	Gorgonopsia	350 a	*Phthinosaurus* EFREMOV	Oberes PERM
328	Cynodontia	382 a	*Procynosuchus* BROOM	Oberes PERM
330	Cynosuchidae	385 b	*Cynosuchoides* BROOM	Oberes PERM
335	Cynosuchidae	396 b, c, d	Gomphognathus SEELEY	Oberes PERM

Aus: F. v. HUENE (1953):
Paläontologie und Phylogenese der Niederen Tetrapoden

12 Bilateralsymmetrische Körperoberfläche mit Fell

Im Zusammenhang mit den evolutionären Veränderungen der Kiefergelenke, des Gebisses und der damit verbundenen vermehrten Nahrungsaufnahme kam es spätestens in der Unteren TRIAS zu einer Entwicklungsexplosion (Radiation). In einem relativ kurzen geologischen Zeitabschnitt entstanden aus der Stammform der *Höheren Therapsiden* zahlreiche genetisch neue Formen.

Wahrscheinlich fast synchron mit der Entstehung der Homoiothermie veränderte sich auch die *Körperoberfläche.* Bei den Lurchen und bei den Reptilien war diese mit Schuppen besetzt. Bei den Höheren Therapsiden entstand im Nukleus einer smMZ bei einem Embryo während des Syntheseprozesses des GENS für die prospektive Körperoberfläche mindestens eine weitere zufallsabhängige Mutation.

Nach der Teilung der smMZ fand sich das mutierte GEN in den **beiden** Tochterzellen. Im Habitus des Neugeborenen erschienen anstatt der Schuppen *kleine Haare,* die immer stärker wuchsen. Es entstand ein bilateralsymmetrisches *Haarkleid,* das der Aufrechterhaltung der Homoiothermie zugutekam. – An den vier Extremitäten fanden sich weiterhin jeweils fünf Finger bzw. fünf Zehen.

13 Bilateralsymmetrische Mobilisierung des Os quadratum vom Os temporale

Die Mobilisierung des *Quadratums* ermöglichte das Kauen, was zu einer Erhöhung der Stoffwechselrate, zu einer höheren muskulären Aktivität, zur Anpassung des Kreislaufs daran sowie zur Entwicklung der *Warmblütigkeit* bei den nunmehr „Höheren Therapsiden“ führte.

In allen Lehrbüchern der Embryologie und in zeitgenössischen Lexika ist heute zu lesen, dass das Kiefergelenk bei den *Plazentatieren* hinsichtlich seiner Ontogenese – im Gegensatz zu den Nonmammalia – eine einzigartige *Ausnahmeposition* einnehme:

CARROLL (1993) schreibt auf S. 404 ff.: „REICHERT (1837) hatte die Homologie des Malleus mit dem Articulare und des Incus mit dem Quadratum nachgewiesen.“ Und er fährt fort: „Die Fossilgeschichte der säugerähnlichen Reptilien macht die Homologie von Quadratum, Articulare, Angulare und Präangulare der Reptilien mit Incus, Malleus, Tympanicum und Goniale der Säuger über jeden Zweifel erhaben, die hauptsächlich von der vergleichenden Embryologie entwickelten Postulate der REICHERT-GAUPP'SCHEN Theorie (GAUPP 1913) sind damit glänzend bestätigt.“

Die ***Abtrennung des Q von der Schädelbasis*** war erstmalig bei den säugerähnlichen Reptilien, den Höheren Therapsiden, erfolgt. Seitdem wurde dieser evolutionäre Vorgang in allen darauffolgenden Jahrmillionen bis heute bei *jedem* **Säuger-Embryo** beibehalten. Beim menschlichen Embryo wiederholt sich dieses Ereignis ebenfalls (Abb. 18). Ein *Ortswechsel* und ein *Funktionswechsel* finden dabei jedoch **nicht** statt

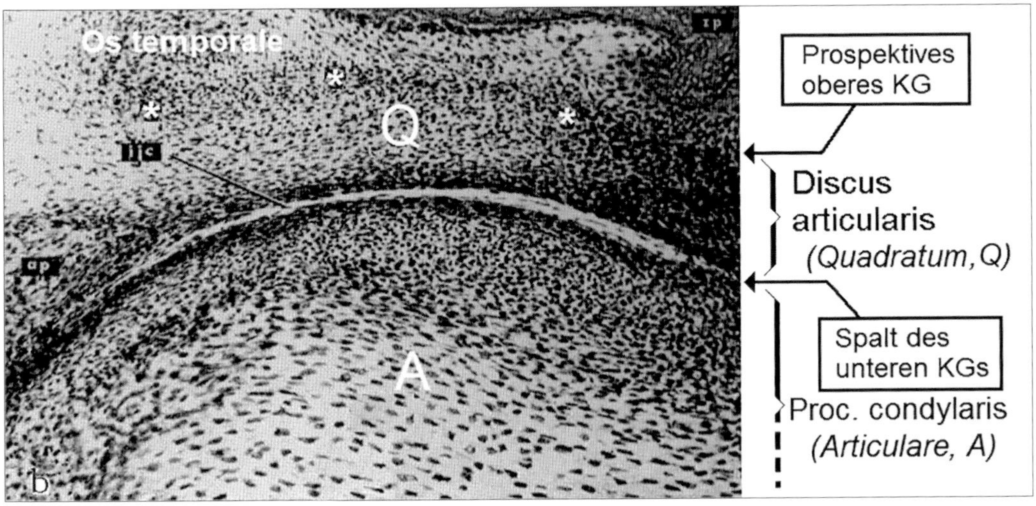

Abb. 18. Ablösung des Os quadratum (Q) vom Os temporale (T).

Die zelluläre Verdichtungszone in der durch drei **weiße Sternchen** * * * gekennzeichneten Schicht markiert den genetischen Ablösungsbereich des Q aus der Schädelbasis. – Aus: R. A. YUODELIS (1966). Die dortige Abb. 6 und die Legende wurden nachträglich verändert. *KG* Kiefergelenk.

14 *Baumbewohnende* (arboreale), warmblütige Vertebraten

Warmblütigkeit besteht nicht nur bei den *Höheren Therapsiden* und den *Säugetieren,* sondern auch bei anderen Tierklassen. Aus den Höheren Therapsiden entwickelte sich frühzeitig eine **Abzweigung** der genetischen Stammesreihe. In der zeitlichen Abfolge danach fand bei ihnen mehrmals sowohl ein morphologischer als auch ein funktioneller Wandel der *Kiefergelenke* statt (s. u.).

Mit Ausnahme der Beuteltiere und der echten Säugetiere blieben alle fossilen und rezenten Nachfahren der **warmblütigen** Höheren Therapsiden ***Eierleger.*** Sie verließen diese Stammesreihe schon sehr früh, behielten jedoch auf beiden Körperseiten weiterhin ein wärmendes Fell bei, das später durch **Federn** ersetzt wurde. Milieubedingt haben alle arborealen Vertebraten die Kaufunkton durch eine ***Reankylosierung*** des bilateralsymmetrischen *Discus articularis* mit der Schädelbasis wieder verloren.

14a Baumkletterer (Hangler und Gleitflieger)

Vom Stammbaum der *Höheren Therapsiden* zweigten sich schon früh die ebenfalls schon warmblütigen Baumkletterer und Gleitflieger ab. Diese **Eierleger** besaßen wahrscheinlich noch die evolutionäre Form des oberen und des unteren KGs. Sie kauten möglicherweise noch, und auf den Bäumen fanden sie eine große Auswahl von eiweißreichen Insekten vor. Nach der Sättigung segelten sie wieder auf den Erdboden zurück und versorgten hier ihre Jungen, die im terrestrischen Nest verblieben waren.

Diese kleinen *Höheren Therapsiden* lebten von der Unteren bis zur Oberen TRIAS. An den **vorderen** Gliedmaßen wurde bald die ***Fingerzahl reduziert.*** H. v. HUENE (1956) schreibt: „Der verlängerte Unterarm deutet auf Hangelklettern. Die hintere Extremität lässt auf Hüpfen schließen. Dies, kombiniert mit dem zarten leichten Körper, könnte das Tier als Baumkletterer und Fallschirm-Flieger auffassen lassen“ (Abb. 19).

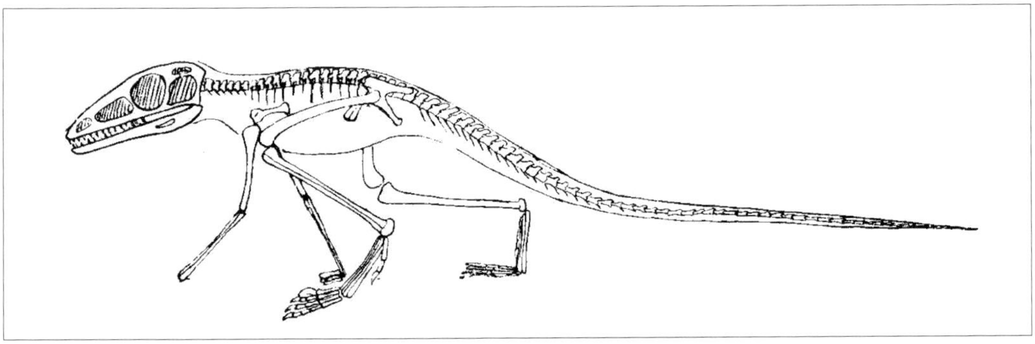

Abb. 19. *Scleromochlus taylori* A. S. WOODWARD. Skelettrekonstruktion.
Ein kleiner warmblütiger Hangler und Gleitflieger aus der Unteren OBERTRIAS. (Kein Archosaurier.) Er könnte ein Vorfahre der Flugsaurier sein. Seine Schädellänge betrug ca. 30 cm. – Aus: F. R. v. HUENE (1956), Abb. 489.

Die Hangler waren kleine, flinke Tiere, vermeintliche „Hohlknochen-Saurier" (Coelurosauria), die jedoch besser als „Hohlknochen-Therapsiden" bezeichnet werden sollten. Zu ihnen gehören außer *Scleromochlus* z. B. auch *Saltopus* mit langen, schlanken Beinen (Mittlere bis Obere TRIAS). An jeder Hand hatten sie noch fünf Finger und sie liefen aufrecht auf den langen Hinterbeinen. – Auch *Trilophosaurus* (Untere TRIAS bis KREIDE) könnte dazugehören. Seine transversal verbreiterten Zähne könnten auf ein Kaugebiss hindeuten, sein Schädel war nur 10 cm lang.

Eudimorphodon RANZII, Obere TRIAS (Abb. 22) hatte ebenfalls einen kleinen, nur ca. 8 cm langen Schädel, der aber bereits weniger Zähne besaß.

Der 2 m lange, ebenfalls langbeinige *Coelurus* MARSH (Oberer JURA bis Untere KREIDE) hatte nur *noch drei Finger* an jeder Hand. An den Armen waren ein bis zwei jeweils äußere Digiti sowie einige Handwurzelknochen, die zum Hangeln nicht benötigt wurden, verloren gegangen. Er könnte zu den späten Hanglern gehören. – Ebenso der nur 0,8 m lange, mit dem Letzteren verwandte *Compsognathus,* der zur gleichen Zeit lebte.

Phylogenese

Die beim ***Gleitflug*** quer abgespreizten Extremitäten bewirkten eine bilaterale Anspannung der seitlichen, behaarten Rumpfhaut. Eines Tages entstand im

Nukleus einer singulären medianen Mutterzelle (smMZ) in einem sich entwickelnden Ei eines *Flugsauriers vor* der Teilung in die beiden Tochterzellen eine zufallsabhängige Mutation im GEN für die seitliche Rumpfhaut. Diese bilaterale Hautfalte wurde durch repetitive Mutationen immer größer und schließlich zu einer bilateralsymmetrischen Flughaut *(Patagium)* erweitert. Mit ausgebreiteten Extremitäten segelten sie damit in die Tiefe und landeten auf den Hinterbeinen, die immer kräftiger und länger wurden.

Die bei den terrestrischen Therapsiden erworbene allseitige Mobilität der ***Kiefergelenke*** hatte jetzt bei den arborealen Hanglern und Gleitfliegern fast nur noch die Funktion eines Scharniergelenks. Zwischen dem Q und dem jeweiligen Kontaktknochen an der Schädelbasis (SQ oder T) reduzierte sich die Beweglichkeit im oberen Kiefergelenk und ging schließlich wieder verloren. Der Kontaktbereich wurde zunächst streptostyl (biegsam) und schließlich entstand zwischen dem Q und dem Squamosum (SQ) eine Synostose.

14b *Bipede,* **fleischfressende, warmblütige,** *sekundär wieder terrestrisch lebende,* **hoch mobile *Dinosaurier***

Sie entstanden aus warmblütigen, *bipeden* Baumkletterern. – Durch das sich wiederholende Aufwärtshangeln verkürzten sich bei allen Baumkletterern bilateralsymmetrisch die Arme bei gleichzeitiger Reduktion von einigen Handwurzelknochen und von ein bis zwei Fingern. Dieser Vorgang war unumkehrbar. Außerdem erfolgte sehr früh eine starke Radiation (Abb. 20 und Abb. 21).

Möglicherweise war auch die quadrupede *Euparkeria* (Abb. 13) eine komplett zur terrestrischen Lebensweise zurückgekehrte Spezies, worauf die schon etwas kleineren Arme hindeuten. – Einige Tiere wurden dabei zu *pflanzenfressenden* Dinosauriern, wie z. B. *Plateosaurus* (Obere TRIAS), andere blieben *fleischfressend* (Abb. 20 und 21).

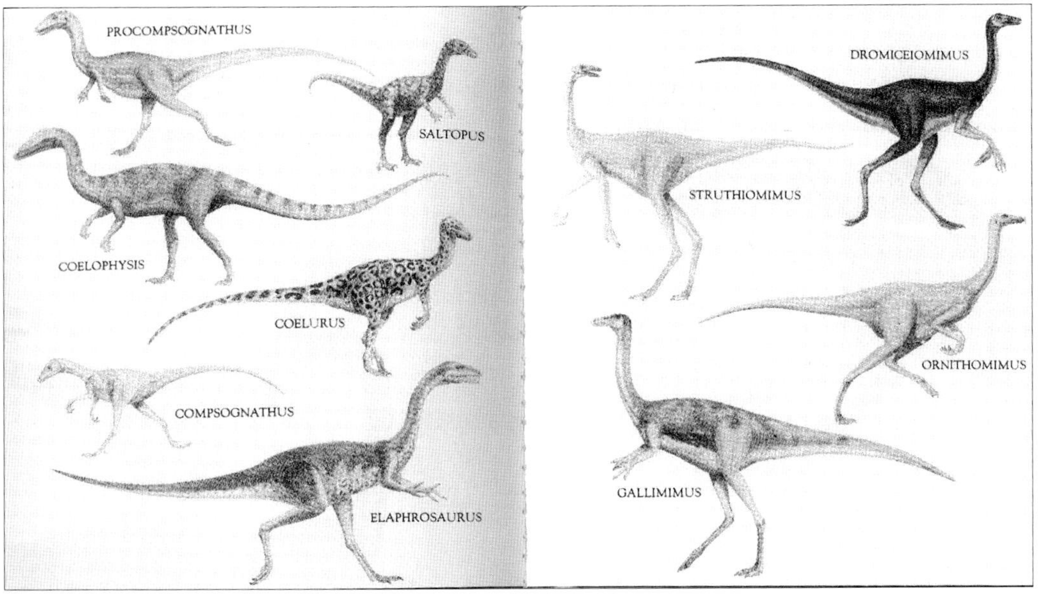

Abb. 20. ***Bipede,*** kleine fleischfressende, **warmblütige Dinosaurier**. – Aus: COX et al. 1994, Seiten 108 und 109.

Die Abbildung repräsentiert nur einige Vertreter aus der sehr großen Vielfalt an kleinen, *bipeden* Dinosauriern.

Abb. 21. ***Bipede,*** große, fleischfressende, ***warmblütige*** Dinosaurier. – Aus: COX et al. 1994, Seiten 120 und 121. Auch hierbei handelt es sich nur um eine Auswahl aus dieser Tiergruppe.

15 Flugsaurier (Pterosaurier)

Die Evolution setzte sich bei den Flugsauriern mit der Entwicklung des ***aktiven Fliegens*** fort. Diese Tiere lebten jetzt ständig auf Bäumen. Sie ernährten sich von Insekten oder kleinen Fischen, die sie während des Fluges mit dem ins Wasser eingetauchten, großen Unterkiefer auffischten und im Ganzen verschluckten. Dabei wurde das Kauen überflüssig, die Nahrung wurde lediglich zerdrückt und die Zerkleinerung zwischen den jetzt durchaus noch polymorphen Zähnen wurde wohl wieder aufgegeben (Abb. 22).

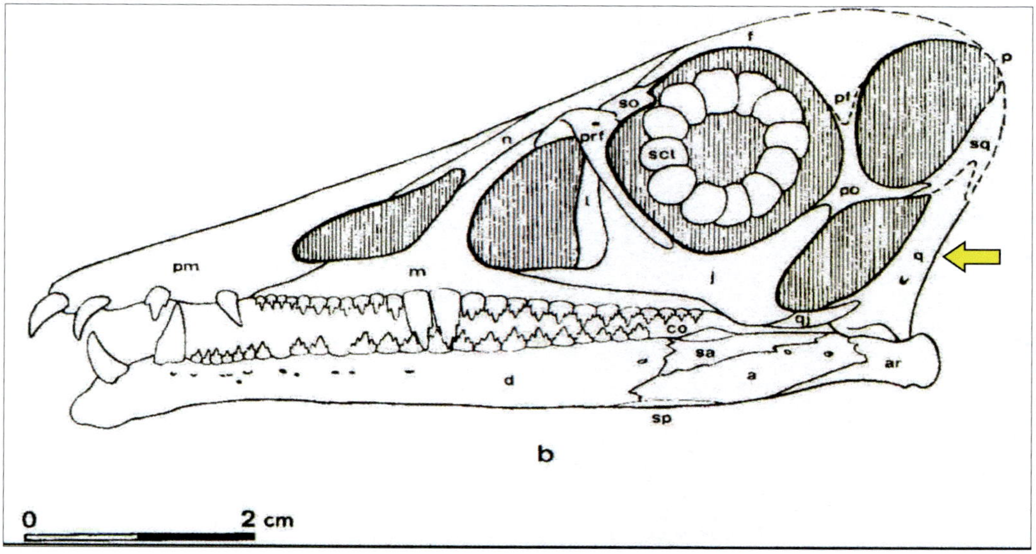

Abb. 22. Schädel von *Eudimorphodon renzii* ZAMBELLI, ein „Flugsaurier" aus der Oberen TRIAS (Rekonstruktion). – Aus: R. WILD (1978) und WELLNHOFER (1980). Das große, kräftige *Quadratum (q)* (nachträglich eingefügter, *gelber Pfeil*) ist steil aufgestellt und unbeweglich mit dem *Squamosum (sq)* verbunden; es artikuliert nur mit dem hinteren Ende des *Os artikulare (ar)*.

Am 8,5 cm langen Schädel des *Eudimorphodon* war der Oberkiefer mit maximal 29, der Unterkiefer mit bis zu 26 ein-, drei- und fünf-spitzigen Zähnen besetzt. Der *lange Schwanz* bestand aus mehr als 20 Wirbeln. Der Unterarm war kürzer als das erste Flugfingerglied. Tibia und Fibula waren miteinander verwachsen. Phalangenformel des Fußes nach A. H. MÜLLER (1985, S. 365), vermutlich 2.3.4.5.2. – Die aufgespannte *Flughaut* erstreckte sich vom Oberarm mit dem langen vierten Flugfinger nach kaudal über das Knie und oft bis zur Fußwurzel.

Die *Knochen* der Flugsaurier waren ebenfalls *hohl* und dünnwandig wie die der Hangler und wie jene der Vögel, die sich davon früh abzweigten. Die Vordergliedmaßen waren noch kleiner und schwächer, die Hinterbeine blieben zunächst lang. – Schädelausgüsse demonstrieren, dass sich das *Gehirn* auf einem Niveau befand, das bereits dem der Vögel entsprach (Abb. 23).

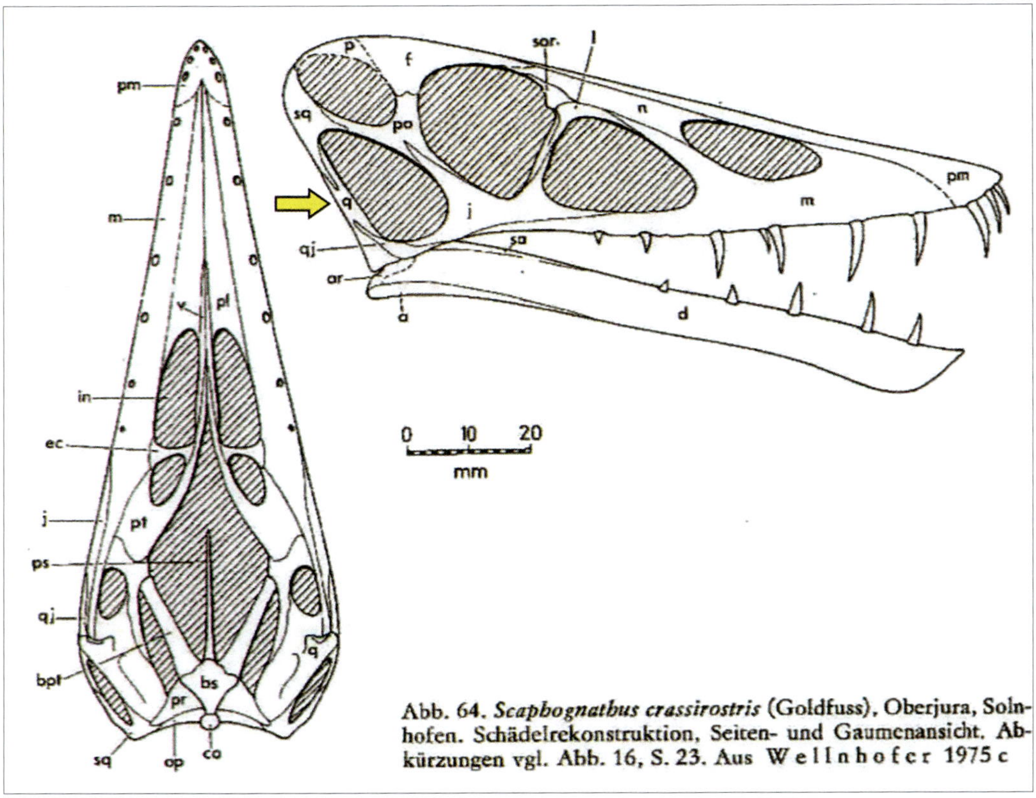

Abb. 23. *Scaphognathus crassirostris* (GOLDFUSS). Schädel eines Flugsauriers (Pterotherapsiden) aus dem Oberen JURA. (Seiten- und Gaumenansicht) – Das Quadratum *(q)* ist fest mit dem Squamosum *(sq)* verbunden. Das *q* und das Articulare *(ar)* funktionieren bei diesen Tieren weiter nur als unteres KG. – Aus: WELLNHOFER (1975 c), Abb. 64. Der gelbe Pfeil wurde nachträglich eingefügt.

Die Flugsaurier erreichten in der Oberen KREIDE die weiteste Verbreitung. Ihre Bezahnung ist thecodont, d. h. die Zähne sitzen im Kieferknochen in einzelnen Knochenhöhlen. Die Anzahl der jetzt spitzen Zähne ist aber deutlich reduziert. In der Oberen KREIDE sind dann einige *Ptereanodontidae* sogar zahnlos.

Phylogenese

Die Umwandlung der vorderen Extremitäten aus einem Hangelwerkzeug in einen bilateralsymmetrischen, mit Pelz bezogenen *Flügel* erfolgte, nachdem im Nukleus von einer singulären medianen Mutterzelle in einem sich entwickelnden Ei jeweils noch **vor** der Teilung in zwei Tochterzellen offenbar mehrere zufallsabhängige Mutationen der GENE für einige der prospektiven Fingerknochen in Abständen nacheinander stattgefunden hatten. Diese brachten evolutionäre, adaptive Veränderungen hervor: einerseits einen bilateral immer länger werdenden vierten Fingerknochen als Stütze für die Flughaut, andererseits die Ausbildung von noch weiteren lufthaltigen Hohlknochen, nach SHAROV (1971) z. B. bei *Sordes pilosus* an den Armen. Die Hohlknochen bewirkten bei den kleinen, flinken *Coelurosauria* eine Gewichtsreduktion, was das Fliegen weiter erleichterte. Sie lassen sich bis zur Oberen KREIDE nachweisen (Abb. 24).

Wahrscheinlich bereits ab dem Unteren JURA entwickelten sich aus der Stammgruppe der Flugsaurier die ***Ur-Vögel** (Archaeopterygiden).*

Abb. 24. *Pteranodon*. Der *fleischfressende* Flugsaurier hatte eine Flügelspannweite von 8 m, die Kiefer waren zahnlos. – Aus: KLEPSCH, P und THIEMEYER, Th. (2000), Seite 42. Aus der Vielzahl der Pterosauria-Spezies wird hier beispielhaft nur ein Vertreter gezeigt.

16 Archaeopteryx (Urvogel) und Vögel

Vögel sind keine fliegenden Dinosaurier

Die frühen *Archaeopterygiden* (AO) entstanden offenbar ebenfalls schon Ende der TRIAS bzw. im Unteren JURA (vor ca. 210 Millionen Jahren), obwohl man ihr Skelett erst aus dem Oberen JURA (seit ca. 150 Millionen Jahren) kennt. Sie waren kleine fleischfressende Ur-Vögel, die den Flatterflug ausführten (Abb. 25). Ihre Körperoberfläche bestand zunächst aus Fell, das wahrscheinlich anfangs nur stellenweise mit kurzen Ur-Federn (Flaumfedern bzw. Daunen) besetzt war.

Die *Vögel* verloren den langen Schwanz und sie entwickelten ein gekieltes Sternum u. v. a. Alle warmblütigen AO-Arten führten keine Kaubewegungen aus, weil die sich auf Bäumen und im Wasser bietende Nahrung klein und weich war und im Ganzen verschluckt wurde. Das Quadratum (Q) der Ur-Vögel wurde deshalb wieder *unbeweglich* (Abb. 26), d. h. es verband sich synostotisch mit dem Squamosum *(sq).*

Phylogenese

Es war wahrscheinlich bereits ein felltragender Flugsaurier, bei dem sich schon an der TRIAS-JURA-Grenze im Zellkern von einer smMZ in einer sich entwickelnden Eizelle *vor* der Teilung in die beiden Tochterzellen erneut eine zufallsabhängige Mutation eines GENS für die prospektive Körperhaut ereignete. Der daraus resultierende GEN-Defekt bewirkte eine weitere Veränderung der Körperbedeckung: Aus den Lanugo-Haaren entstanden kleine Federn. Deren Struktur optimierte sich in mehreren Jahrmillionen während des JURA zweckentsprechend durch weitere zufallsabhängige GEN-Mutationen.

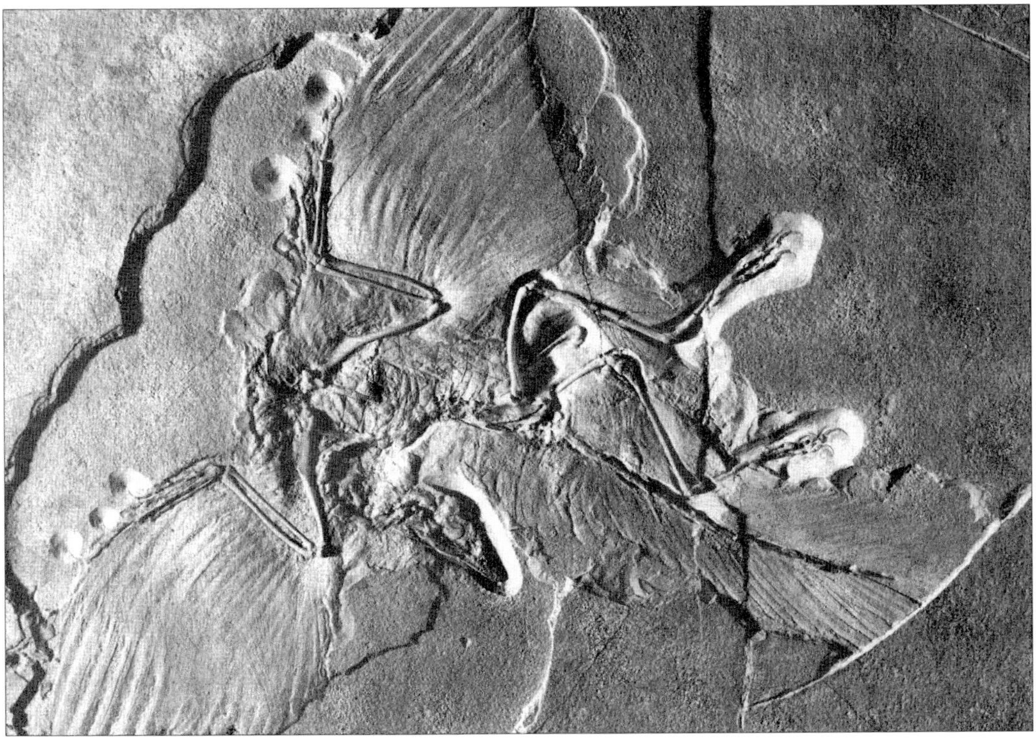

Abb. 25. Skelett von Archaeopteryx. Aus dem Museum für Naturkunde der Humboldt-Universität zu Berlin (Photo: H. JAEGER). – Aus R. L. CARROLL 1993, Abb. 16.10.

Als aktive Flieger mit einem Federkleid eroberten sie den Luftraum immer ausgedehnter. Schon beim *Archaeopteryx* entwickelten sich – bilateralsymmetrisch – *Daunen-, Deck- und Steuerfedern,* die aus Horn bestanden. Diese erfüllten beim Flug alle Bedürfnisse und dienten weiter der Aufrechterhaltung der Homoiothermie. Das Federkleid wird bei den Vögeln etwa einmal im Jahr gewechselt (Mauser).

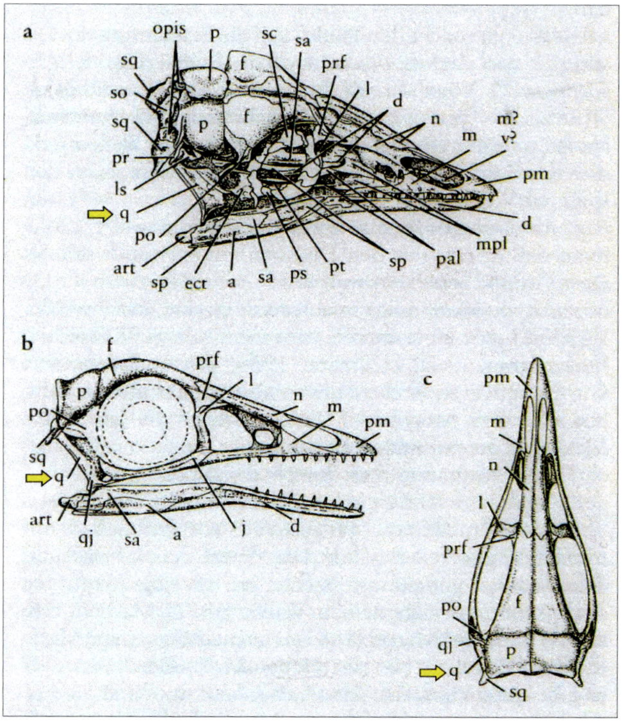

Abb. 26. Schädel eines *Archaeopteryx*. A. Zeichnung nach dem Exemplar von Eichstätt. B. in seitlicher Ansicht und C. in Aufsicht (Rekonstruktion). – Aus: R. L. CARROLL (1993), Abb. 16.12. Die gelben Pfeile wurden nachträglich eingefügt. – Abkürzungen wie in Abb. 17. Zusätzlich: *ls* Laterosphenoid, *mpl* Maxillopalatinum, *pr* Pro-Oticum, *sc* Scleralring (aus: WELLNHOFER 1974).

Das *Fliegen* der Tiere ist ein komplizierter aerodynamischer Prozess. Er wird durch die Umwandlung der vorderen Extremitäten zu Flügeln ermöglicht. Dabei wurde die Flügelfläche gekrümmt: ihre **Oberseite** nach dorsal konvex vorgewölbt und die **Unterseite** konkav ausgebildet. Die Vor- und Aufwärtskräfte werden von den Tieren durch die Auf- und Abwärtsbewegungen der Flügel erzeugt, wobei *Ruderflug* und *Schwebeflug* unterschieden werden.

17 Evolution der Klasse der Säugetiere (Mammalia)

17a Infraklasse Ur-Säugetiere (PROTOTHERIA) Ordnung *Monotremata*

Eierlegende, felltragende *Kloakentiere* mit terrestrischer und aquatischer Lebensweise

Zu den *kaltblütigen* Kloakentieren gehören Echsen, Schildkröten und Krokodile. Sie legen ledrige, nicht kalzifizierte Eier.

Ein *warmblütiges Kloakentier,* das etwa 60 cm lange ***Schnabeltier*** *(Ornithorhynchus anatinus),* lebt in Flüssen und Seen Australiens und Tasmaniens. Sein braunes Fell ist dicht, der Schwanz platt, die kurzen Füße mit je fünf Zehen haben Schwimmhäute und der Hornschnabel ist breit und platt. Die in der Jugend vorhandenen Zähne werden von Hornzähnen im Schnabel ersetzt.

Diese ***Ursäuger*** kamen bereits in der Oberen TRIAS (seit ca. 220 Millionen Jahren) vor. Auch bei den rezenten Vertretern mündet der singuläre Enddarm, nach den bilateralen Harn- und den bilateralen Geschlechtswegen, in einen gemeinsamen Ausführungsgang ***(Kloake)*** ein. In ihm erfolgen die Befruchtung und die erste Entwicklung der winzigen Eier. – Vom Hauptast der Ursäuger (Monotremata) spalteten sich schon sehr früh (vor ca. 170 Millionen Jahren) die ***Beuteltiere*** und davon wiederum (vor ca. 120 Millionen Jahren) die ***Plazentatiere*** ab.

Phylogenese

Die eierlegenden Kloakentiere veränderten wahrscheinlich erst Ende des JURA im Verlauf von vielen Jahrmillionen die Hülle ihrer Eier. Die Schale verlor den Kalk; sie wurde weich und lederartig. Nach dem Erreichen einer kritischen Größe des sich im Ei entwickelnden Embryos konnte die Schale von innen her problemlos geöffnet werden.

Abb. 27. Brutnest des Schnabeltieres mit zwei Eiern. Die Eiergröße (Münze im Vergleich) beträgt etwa 1,5 mal 1,7 cm. Brutdauer in Erdhöhle rund zehn Tage. Nur das Muttertier brütet. – Aus: URANIA TIERREICH, Bd. 6: Säugetiere. Verlag Leipzig, Jena, Berlin. 1. Auflage (1967). Dortige Abb. auf S. 20.

Die Gewohnheiten der Eierleger bezüglich des Nestbaus behielten die Kloakentiere bei. (Abb. 27). Eins oder zwei jeweils ca. 17 mm lange Eier werden in einer ufernahen Höhle abgelegt und in einem Nest ausgebrütet. Ihre Nahrung finden die Elterntiere unter Wasser schwimmend (Abb. 28). Als homoiotherme Fleischfresser verzehren sie hier Krebse, Insektenlarven und Würmer. Da sie dabei oft kräftig zubeißen müssen, behielten sie das bilaterale Doppelgelenk mit dem beweglichen Quadratum, welches bei den Höheren Therapsiden erworben worden war, bei.

Abb. 28. Schnabeltier *(Ornithorhynchus anatinus)* beim Tauchen. – Aus: GEO-Themenlexikon (2008), Band 35, S. 1103.

An der ventralen Bauchseite besitzen sie zwei bilateralsymmetrische, diffuse *Milchfelder* (Drüsenfelder), auf denen die aus den rupturierten Eiern geschlüpften, unreifen Embryonen landen und die Milch auflecken. Vorkommen: Neuguinea und Tasmanien.

17b Infraklasse Beuteltiere (METATHERIA), *Marsupialier*

Rein terrestrische Lebensweise

Geburt von winzigen Embryonen

Der früheste Nachweis fossiler Beuteltiere gelang in Nord- und Südamerika in der Periode der Oberen KREIDE, etwa 20 Millionen Jahre vor dem Ende des Mesozoikums bzw. vor ca. 90 Millionen Jahren. Nach dem Zerbrechen des Gondwanalands in die Landmasse der heutigen Südhalbkugel gelangten erfolgreiche *Marsupialier* im Unteren TERTIÄR über die antarktische Landbrücke nach Australien. Die dort lebenden, warmblütigen Tiere unterlagen dann einer starken Radiation.

Die *Beuteltiere* besitzen einen *Uterus,* aber *keine Plazenta.* Die Schwangerschaft dauert zwischen vier bis fünf Wochen. Der Keim ist kleiner als fünf Zentimeter. Das Neugeborene klettert mit Hilfe seiner gut ausgebildeten Vordergliedmaßen, den starken Greifhänden, nach oben zu den Zitzen, die in einem Beutel am Bauch des Muttertieres verborgen sind (Abb. 29).

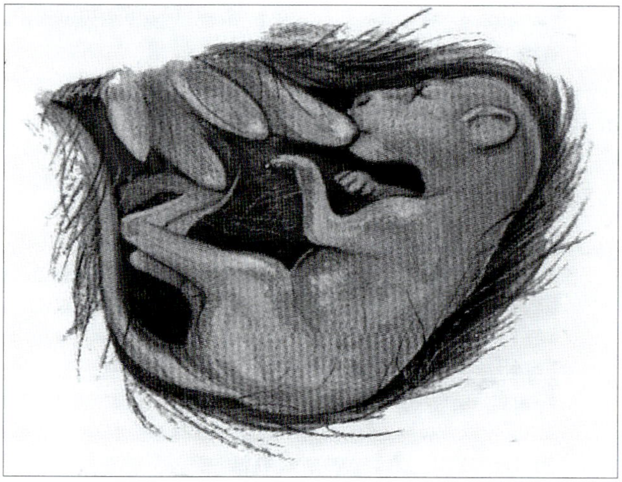

Abb. 29. Nur wenige Tage altes Känguru. Nach der Geburt ist es im Beutel der Mutter an einer Zitze festgewachsen. – Aus: BERTELSMANN, Lexikothek Verlag GmbH, Gütersloh 1974, Bd. 2, Seite 219.

Bei allen karnivoren und herbivoren Marsupialiern blieb das Doppelkiefergelenk mit dem beweglichen *Quadratum* in Form des *Discus articularis* erhalten. Sie alle – auch der auf Bäumen lebende Koalabär, der nur Eukalyptusblätter frisst – kauen die Nahrung. Das gilt gleichermaßen für vierbeinige Raubbeutler (Abb. 30) wie für zweibeinig hüpfende Kängurus. Die nächste Illustration zeigt die Differenz zwischen den Reproduktionsorganen eines Beuteltiers (Abb. 31 a) und denen eines Kloakentiers (Abb. 31 b).

Abb. 30. Beutelwolf *(Thylacinus cynocephalus)*. Er gilt seit 1936 als ausgerottet. – Aus: BERTELSMANN, Lexikothek Verlag GmbH, Gütersloh 1974, Bd. 2, Seite 217.

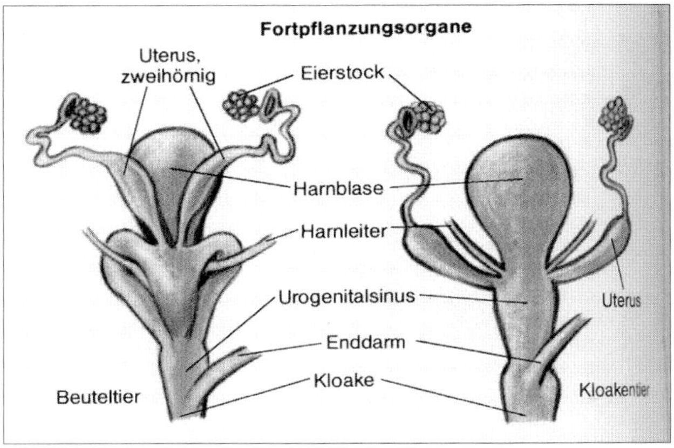

Abb. 31 a und 31 b. Unterschiede bei den Fortpflanzungsorganen von Beuteltier und Kloakentier. – Aus: BERTELSMANN Lexikothek Verlag GmbH, Gütersloh 1974, Bd. 2, Seite 218.

17c Infraklasse eigentliche Säugetiere (EUTHERIA)

Plazentatiere, *Monodelphia*
delphys (griech.) Gebärmutter

Die Plazentatiere gebären ihren Nachwuchs nach einer mehrwöchigen bis mehrere Monate dauernden, intrauterinen Reifezeit durch die mittlere von drei Öffnungen im Becken der Mutter. Bei diesen Ausmündungen ist jedoch das äußere Ende einheitlich. Die weiter proximal befindlichen Abschnitte sind paarige, bilateralsymmetrische Organe: Das Harnorgan besitzt zwei Harnleiter und zwei Nieren; das Genitalorgan zwei Eileiter und zwei Eierstöcke. Nur der Darm ist ungeteilt.

Im Abschnitt 13 (Abb. 18) war bereits die Ablösung des Q von der Schädelbasis im histologischen Bild gezeigt worden. In der Phylogenese hatte das zu einer Optimierung des Kiefergelenks *ohne* einen Austausch bzw. einen Ortswechsel der beteiligten Strukturen geführt.

18 Marine Säugetiere *(Flossenfüßige)*

Im Mittleren TERTIÄR (vor ca. 30 bis 40 Millionen Jahren) eroberten die Säugetiere *marine* Habitate.

18a Robbenverwandte (Pinnipedia)

Phylogenese

Bei einem trächtigen, **quadrupeden** Muttertier fanden in ihrem Embryo im Nukleus einer smMZ **(1)** kurz nach dem Beginn des Syntheseprozesses des GENS für den prospektiven *Oberarm* (Humerus) sowie **(2)** dann auch kurz nach dem Beginn des Syntheseprozesses des GENS für den prospektiven *Oberschenkel* (Femur) jeweils eine zufallsabhängige Mutation statt. Beide Mutationen ereigneten sich noch **vor** der Teilung der smMZ in die beiden Tochterzellen.

Die daraus resultierenden Phänotypen mit kurzen Armen und kurzen Beinen halten sich abwechselnd entweder im Uferbereich oder im Wasser auf. Sie atmen weiterhin mit Lungen.

Vertreter: Pelzrobben, Ohrenrobben, Seelöwen (Abb. 33), Seehunde und Walrosse (Abb. 34).

Die Evolution der marinen Säugetiere war die Folge von ***zwei*** im Zellkern einer smMZ kurz *nacheinander erfolgenden*, zufallsabhängigen ***Mutationen der GENE für die prospektiven Langknochen*** der *oberen* und der *unteren* Extremitäten eines Embryos. Dieser hatte sich im Uterus eines trächtigen, quadrupeden Landsäugetiers, das im Uferbereich eines Wassers lebte, entwickelt. Das Ergebnis war ein Neugeborenes mit einer ***Tetraphokomelie.***

Alle **Robbenverwandten** sind Tetrapoden, die seit ca. 40 Millionen Jahren im Flachwasser terrestrisch *und* aquatisch leben, Fleischfresser sind und vier jeweils ***fünfstrahlige Ruderflossen*** besitzen (Abb. 32).

Die Syntheseprozesse dieser beiden GENE für die prospektiven langen Extremitätenstrahlen *Humerus* und *Femur* begannen jeweils normal, sie wurden jedoch *sehr früh abgebrochen.* Prospektiv entstand keine Peromelie, sondern bloß jeweils eine ***interkalare Aplasie*** der langen Knochen.

Ergebnis: Subtotale Aplasie der Oberarmknochen *(Humeri)* und der Oberschenkelknochen *(Femora),* die jeweils nur aus einem kurzen dystrophen Knochen bestehen. Auch die zweiten Segmente der Extremitäten, *Radius* (Elle) und *Tibia* (Schienbein), sind entsprechend verkürzt ausgebildet, bei *Aplasie* der jeweiligen Partnerknochen *Ulna* (Speiche) und *Fibula* (Wadenbein).

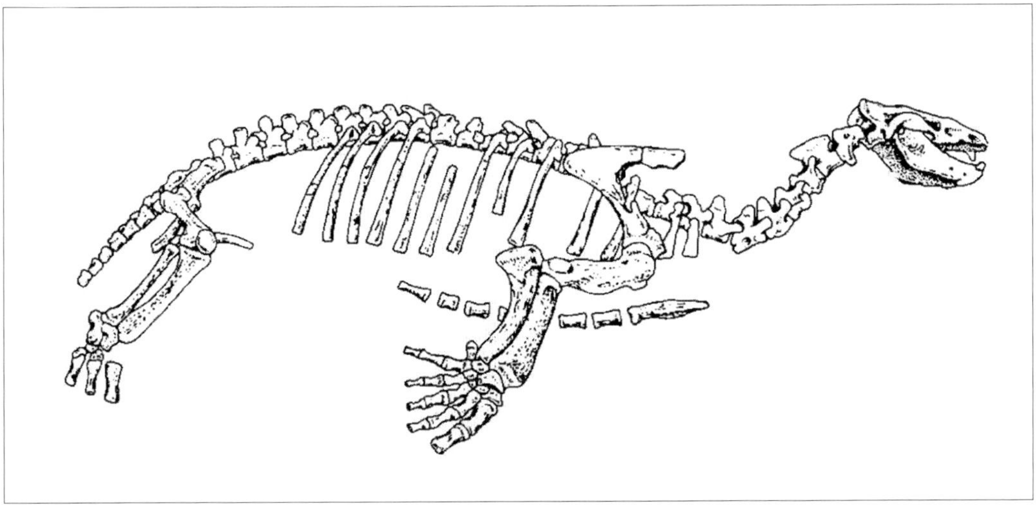

Abb. 32. *Allodesmus.* Skelettrekonstruktion (aus MITSCHELL 1975). – Aus: R. L. CARROLL 1993, Abb. 20.62.

Die GENE für alle noch fehlenden *distalen Segmente* der Extremitäten, d. h. für deren prospektive Wurzelknochen (Segmente 3 und 4) und für den prospektiven Mittelfuß (Segment 5, aus dem dann jeweils die prospektiven fünf Strahlen auswachen) sind normal synthetisiert worden. – *Nach* der Teilung der smMZ fanden sich diese *fehlerhaften GENE* dann in jeder der beiden Tochterzellen.

Im Habitus des Neugeborenen resultierten jetzt bilateralsymmetrisch mehr oder weniger stark verkürzte Langknochen, wobei die *Vorder- und die Hinterfüße jeweils aus fünfstrahligen normalen Flossen* bestehen.

Bei einem normalen vierbeinigen Muttertier waren bei der *Meiose* diese *beiden GEN-Defekte* eines Embryos nach der Teilung eines *diploiden Chromosoms* in die *beiden* haploiden ***Chromatiden*** in der Eizelle enthalten. Bei der Paarung mit einem quadrupeden, terrestrisch lebenden Partner war diese Zelle mit den beiden GEN-Defekten zufallsabhängig an der Bildung der ***Zygote*** beteiligt, weshalb sich der neue Habitus, die *Flossenfüßigkeit,* auf maximal der Hälfte (50 %) der Nachkommen *vererbte.* – Auf diese Weise wurde von einem terrestrischen kleinen, warmblütigen Raubtier erstmalig ein *Robbentier* mit *erblichen Nachkommen* geboren. Vor ca. 30 bis 40 Millionen Jahren war das die Geburtsstunde der *hereditären* ***Tetraphokomelie*** bei marinen Säugetieren.

Abb. 33. Kalifornischer Seelöwe *(Zalophus californianus).* – Aus: GEO-Themenlexikon, Tiere und Pflanzen, Bd. 34, Seite 743.

Abb. 34. Walross *(Odobenus rosmarus).* Die stark verlängerten oberen Eckzähne wachsen zeitlebens nach und werden bis zu 50 cm lang. – Aus: GEO- Themenlexikon, Tiere und Pflanzen, Bd. 35, Seite 1300.

Zweifellos war diese *tetraphokomele Doppelfehlbildung* bereits viele Jahrmillionen davor und danach auch bei anderen, *ausschließlich terrestrisch* lebenden quadrupeden Tieren und beim Menschen gelegentlich vorgekommen. Solche schwer bewegungsbehinderten Lebewesen hatten jedoch keine Chance zur Paarung und zum Überleben.

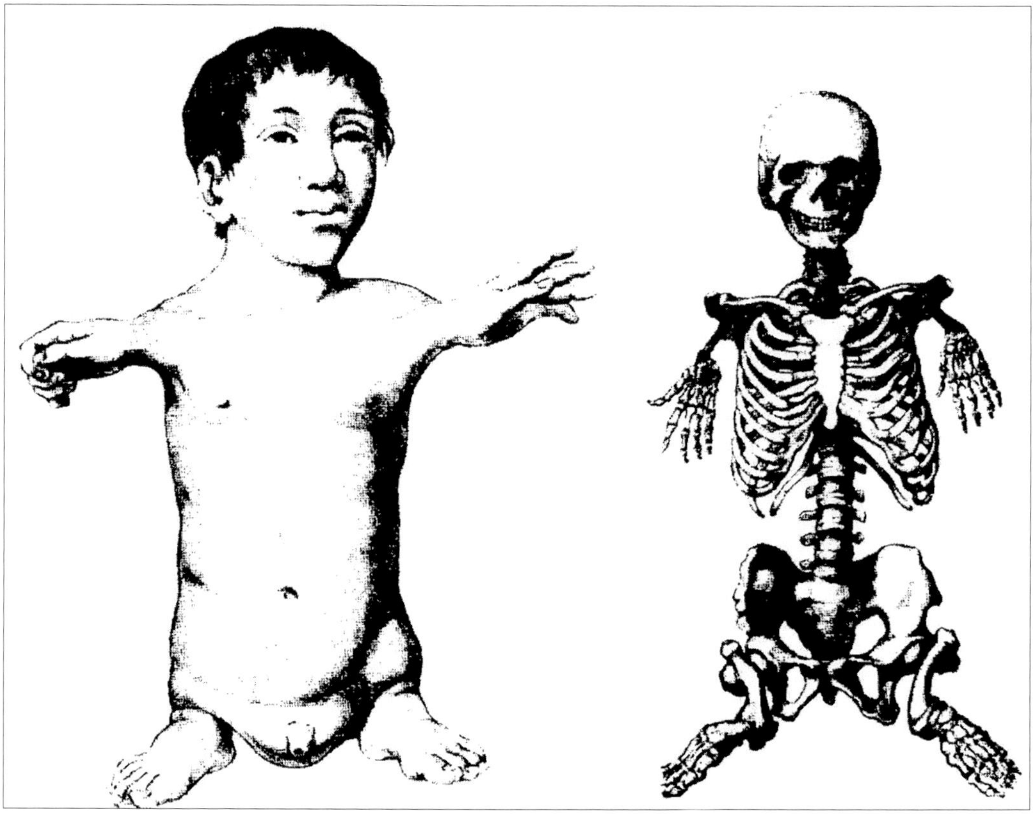

Abb. 35 a, b. Endogene bilateralsymmetrische Phokomelie der Arme und der Beine beim Menschen.

a) Klinisches Bild. b) Skelett.
An beiden Armen fehlt der Humerus total. Radius und Ulna sind jeweils miteinander zu einem kurzen einheitlichen Knochen verschmolzen. – An den Beinen bestehen nur stummelförmige, proximale Femurreste. Tibia und Fibula sind miteinander zu einem sehr kurzen Knochen verschmolzen. Die Hände und die Füße sind jedoch normal entwickelt.
Der Merkmalsträger konnte sich lebhaft fortbewegen, zum Sitzen spreizte er nur die kurzen Beinchen. Im Jahre 1800 verstarb er mit 62 Jahren in Paris. – Aus: GRUBER 1958 a, Abb. 40 und Abb. 41.

Pathogenese der Tetraphokomelie

Vor etwa 40 Millionen Jahren traten erstmals *Doppelmutationen* der GENE für die prospektiven Vorder- und Hinterbeine im Nukleus einer *smMZ* eines Embryos eines *terrestrischen* Säugetiers auf. Jede der beiden Tochterzellen besaß dann dieses GEN. Wie bei seinen tierischen Vorfahren erfolgte die *Geburt auf dem trockenen Land.* Ein solcher Säugling war bzw. ist dann chancenlos. Aber wenn die Geburt im *Uferbereich eines größeren Gewässers* erfolgte, dann wurde das Neugeborene von der ausschließlich an Land lebenden Mutter gesäugt. Als das Jungtier flügge geworden war, konnte es sich auf den kurzen Extremitäten watschelnd oder sich wälzend bis zum nahen Wasser bewegen. In diesem für ein Säugetier bisher fremden, *marinen* Milieu fiel die Fortbewegung des Jungtiers nun *schwimmend* und *paddelnd wesentlich leichter als auf dem trockenen Land.* An der Wasseroberfläche konnte es atmen, aber es kam immer wieder ans Ufer zurück, um sich hier auszuruhen. Zur Paarung fand es schließlich auch einen Partner. Ihre Nachkommen *vererbten* die bilateralsymmetrische *Flossenfüßigkeit* der vier Extremitäten wiederum auf ihre Nachkommen weiter. Auch die *interkalare* (eingeschaltete) *inkomplette* (subtotale) *Aplasie* der proximalen Langknochen blieb dabei erhalten.

In der Evolution der Säugetiere hatte sich damit ein entscheidender Sprung vollzogen.

18b Sirenentiere (Sirenia)

Sie sind die Folge einer zufallsabhängigen Mutation *kurz nach Beginn des Syntheseprozesses des GENs für das prospektive* **Becken** bei einem ***Robben-Embryo*** im Nukleus einer singulären medianen Mutterzelle *vor ihrer Teilung* in die beiden TZ. Das bewirkte eine bilateralsymmetrische, *subtotale Aplasie der Beckenknochen* und eine *komplette Aplasie der Beine* mit *Beibehaltung der beiden Flossenarme.* Auch diese bipeden Tiere lebten abwechselnd aquatisch *und* terrestrisch im Flachwasser.

Sirenentiere sind ausschließlich Pflanzenfresser, weshalb sie oft als *„Seekühe"* bezeichnet werden. Ihr walzenförmiger Körper ist nur gering behaart und endet in einem *horizontalgestellten* „Fischschwanz“. Sie besitzen keine Hinterbeine (Abb. 36 a und 36 b). Die vorderen Gliedmaßen sind flossenähnliche, fünfstrahlige Gebilde analog wie bei jenen der Robben. Sie besitzen *keine Rückenflosse* (Finne).

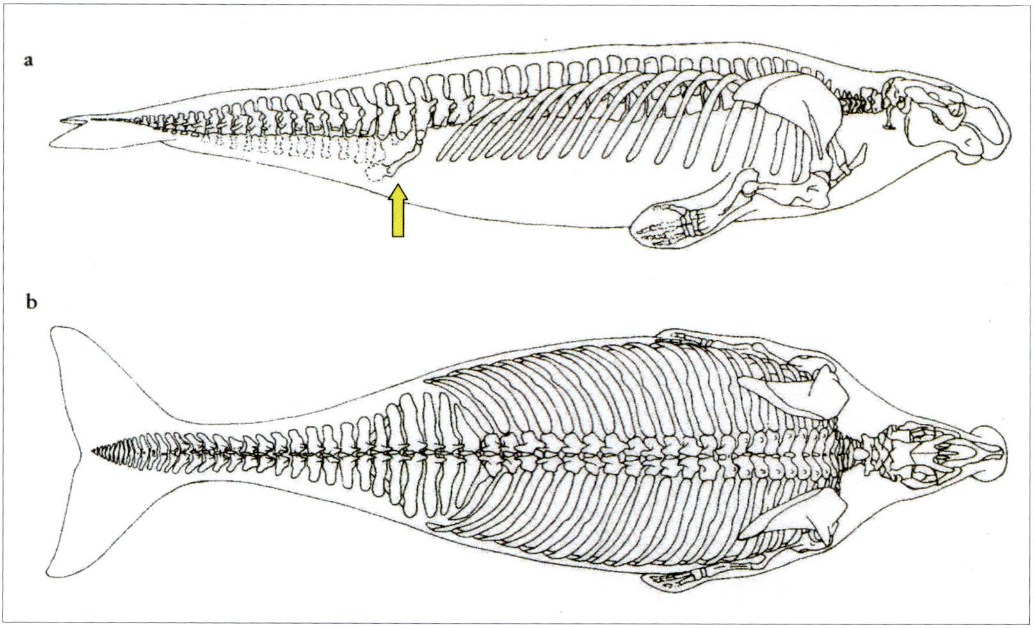

Abb. 36 a und 36 b. *Dusisiren.* Seiten- und Dorsalansicht des Skeletts einer Gabelschwanzsirene ***(Dugong).*** Originallänge 4 m (aus DOMNING 1978). Aus: R. R. CARROLL 1993, Abb. 21.67 a und b. Der gelbe Pfeil wurde nachträglich eingefügt. Er markiert die Position der rudimentären Beckenknochen.

H. PETZSCH (1967) schrieb in URANIA TIERREICH, Bd. 6, S. 343: „Die *Cetacea* (Wale) und *Sirenia* haben phylogenetisch *wenig* miteinander zu tun, denn sie stammen innerhalb der Klasse der Säugetiere von verschiedenen Vorfahren ab. Ihre wechselseitige und nur äußerliche Ähnlichkeit ist eine Konvergenz, die durch das viele Jahrtausende währende ständige Leben im Wasser, durch die Anpassung an diese Daseinsweise, bedingt ist“. *„Sie stehen unter den Landtieren Schliefern und Elefanten am nächsten.“* – ***Diese Auffassung von PETZSCH u. v. a. ist jedoch heute überholt.***

Abb. 37. *Trichechinus manatus*. Rundschwanzsirene. – Aus: GEO-Themenlexikon 2008, Bd. 35, Tiere und Pflanzen, Seite 1131.

Neue Vorstellung zur Phylogenese der Sirenentiere

Die Sirenen entwickelten sich vor ca. 30–40 Millionen Jahren. Bei einer trächtigen ***Robbe*** entstand im Nukleus einer singulären medianen Mutterzelle bei einem Embryo *kurz nach dem Beginn des Syntheseprozesses des GENS für das prospektive Becken*, noch *vor* der Teilung in die beiden Tochterzellen, eine zufallsabhängige Mutation dieses GENS. Dadurch fiel dieses fast komplett aus. *Nach* der Teilung der smMZ besaß jede der beiden Tochterzellen diesen Gendefekt. Im Habitus des Jungtiers *fehlten dann bilateral die Beckenknochen* und die beiden davon abzweigenden *Hinterextremitäten*. Die Knochen der langen Wirbelsäule blieben jedoch erhalten.

H. PETZSCH (1967) bemerkt: „Obwohl bei sämtlichen rezenten Sirenen die Hinterextremitäten äußerlich völlig verschwunden sind, findet man immer kleine Reste des Beckengürtels ihrer Vorfahren als funktionslos gewordene rudimentäre Organe.“ (Abb. 36 a, Pfeil.)

Wie bei ihren Vorfahren, den Robbentieren, blieb die *Phokomelie* der vorderen Extremitäten unverändert erhalten. Die bipeden Sirenen bewegten sich zunächst nur mit den Armflossen. Um die Fortbewegung im Wasser zu beschleunigen, entwickelten sie allmählich – durch mehrfache zufallsabhängige Mutationen des GENS für das Körperende – einen *horizontal* gestellten, *breiten Ruderschwanz.* Bei ihm lieferte nur das kaudale Ende der Wirbelsäule die knöcherne Unterstützung. Bei einigen Sirenen endete der querstehende Schwanz *gegabelt* (Abb. 36) und bei anderen *rund* (Abb. 37).

Die Vordergliedmaßen (Flossenarme) dienen im seichten Wasser als Stütze für den Oberkörper. Dabei ragt der Kopf bei nach dorsal gebeugtem Nacken manchmal stundenlang aus dem Wasser. Bei den Embryonen und den Jungtieren ist das Haarkleid noch dichter angelegt als bei den erwachsenen Seekühen. Bei beiden Arten fehlen die Schlüsselbeine. Bei den Jungtieren sind (analog den fleischfressenden Vorfahren) sehr zahlreiche Molaren, Canini und Incisivi vorhanden (13 pro Kieferseite); bei erwachsen Tieren sind sie jedoch stark reduziert (fünf pro Kieferseite).

18c Waltiere *(Cetacea)*

Bei *subtotaler Aplasie des Beckens* und *Aplasie des zweiten Halswirbels* (Epistropheus) geht der Kopf bei *unbeweglichem Hals* unmittelbar in den Rumpf über. Die bipeden Tiere besitzen Flossenarme und leben *ausschließlich aquatisch* im Tiefwasser. Sie atmen mit den Lungen.

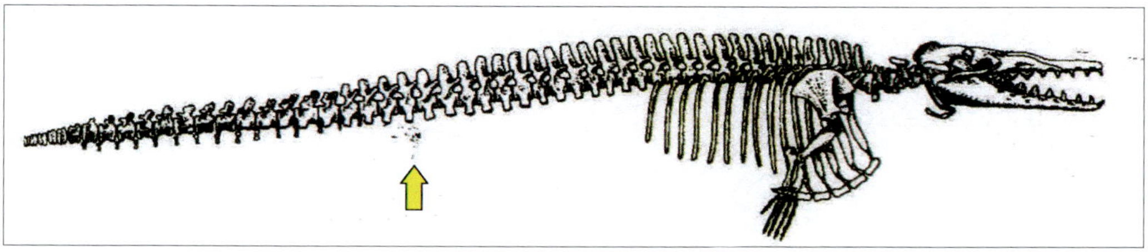

Abb. 38. Etwa 5 m langes Skelett von *Zygorhiza*, einem Archaeocetus aus dem Oberen Eozän (aus KELLOG 1936). – Aus: R. L. CARROLL 1993, Abb. 21.34.

Der nachträglich eingefügte, gelbe Pfeil markiert die Position des rudimentären Beckenskeletts, das sich bereits bei den Sirenentieren findet.

Zur *Ordnung* der *Cetacea* gehören neun Familien: Zur *Unterordnung* der Zahnwale sechs und zu den Bartenwalen drei Familien. Etwa 80 rezente Walarten sind unterscheidbar. Wie bei den Sirenen steht ihre Schwanzflosse *horizontal* vom Körperende ab (Abb. 41 und Abb. 42).

a) ***Zahnwale:*** Flussdelfine, Schnabelwale, Pottwale, Gründelwale, Delfine und Schweinswale. Der *Orca* (Mörderwal) bildet die größte Art der Familie Delfine und ist ein gigantisches Raubtier mit einer Länge bis zu 9 m. Er ernährt sich von Pinguinen, Robben und Delfinen und kommt in allen Meeren vor. Seine *Rückenfinne* wird bis zu 1,8 m hoch.

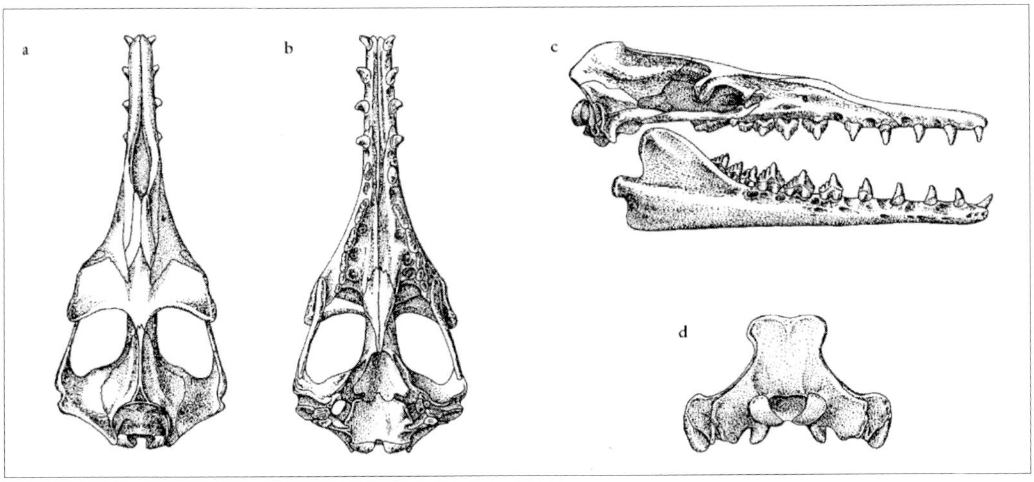

Abb. 39 a bis d. Schädel des Zahnwals *Zygorhiza* aus dem Oberen Eozän. a. dorsale, b. ventrale, c. laterale und d. occipitale Ansicht. Das Original ist 85 cm lang. (Aus KELLOG 1936). – Aus: R. L. CARROLL 1993, Abb. 21.35.

b) ***Bartenwale:*** Grauwale, Furchenwale und Glattwale. Die größte und schwerste Säugetierart, der *Blauwal,* erreicht eine Länge von 30 m und ernährt sich nur von marinen Kleinlebewesen.

Analog zu den Sirenen besitzen auch die Waltiere ein stark rudimentäres Becken (Abb. 36 und Abb. 38) und wie jene eine *Phokomelie* der vorderen Extremitäten ***(Brachiophokomelie).*** Wie die Sirenen bewegten sie sich mit den Armflossen und dem horizontalen Schwanz (Abb. 42). Im Gegensatz zu den *Robben* und den *Sirenen* können sie jedoch den verkürzten Hals, bei dem der zweite Wirbel fehlt, nicht mehr nach dorsal beugen. Beim Versuch des Aufstützens mit den vorderen Extremitäten gelingt es bei ihnen nicht mehr, den Kopf *über* die Wasseroberfläche zu erheben. Zum Atmen schwimmen sie bis an die Wasseroberfläche, wo sie beim Inspirieren und Exspirieren eine horizontale Position einnehmen. Sie leben ständig im Wasser der Flüsse und der tiefen Meere. Die meisten Wale sind Kosmopoliten (Abb. 41).

Abb. 40. Amazonasdelfin *(Inia geoffrensis)*, Süßwasserdelfin. Länge bis 2 m. – Aus: GEO- Themenlexikon, Tiere und Pflanzen, Bd. 33, Seite 239.

Phylogenese der Waltiere

Die Wale entwickelten sich vor ca. 30–40 Millionen Jahren. Nach der Befruchtung eines *Sirenen-Muttertieres* entstand in ihrem Embryo im Nukleus einer singulären medianen Mutterzelle (smMZ) eine zufallsabhängige Mutation, *als der Syntheseprozess des GENS für den prospektiven zweiten Halswirbel* ***begann.*** Prospektiv resultierte eine totale Aplasie des GENS für den Epistropheus. – Nach der Teilung der smMZ besaß jede der beiden Tochterzellen diesen GEN-Defekt. Beim Neugeborenen resultierte eine bilateralsymmetrische Aplasie der beiden Hälften des **zweiten Halswirbels;** dieser **fehlte also komplett.** Dadurch waren Drehung und Beugung des Kopfes nicht mehr möglich. Aus der unbeweglichen Verbindung von Kopf und Rumpf resultierte ein *fischförmiger Körper*, der jetzt ein rein aquatisches Leben ermöglichte (Abb.39 bis 42).

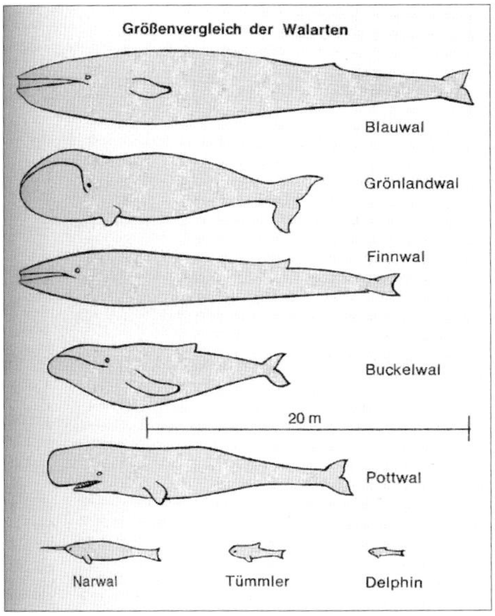

Abb. 41. Größenvergleich der verschiedenen Walarten. – Aus: BERTELSMANN Lexikon, Bd. 10, Seite 17.

Nach der Chromosomenteilung (Meiose) war dieser GEN-Defekt in jener *Chromatide* enthalten, die das prospektive ♀ oder ♂ Geschlechtsgen besaß. Wenn dieses an der Befruchtung beteiligt war, wodurch die Zygote entstand, dann vererbte sich der GEN-Defekt auf maximal die Hälfte der Nachkommen dieses Tieres. Diese konnten jedoch den Kopf weder drehen noch nach lateral oder nach dorsal beugen. Damit war der Habitus der *Waltiere* entstanden, der dem der Fische gleicht.

Abb. 42. Geburt eines *Großtümmlers*. Das Neugeborene verlässt mit dem Schwanz voran den Körper der Mutter. – Aus: URANIA Tierreich, Säugetiere, Urania Verlag Leipzig, Jena Berlin 1967, S. 229.

Der 5 bis 6 m lange *Zwergglattwal (Dögling)* hat als einziger ***Glattwal*** auf dem Rücken eine kleine sichelförmige Finne. Außer dem großen Pottwal (Abb. 41 e) besitzen aber alle ***Zahnwale*** *eine dreieckige Rückenflosse.* Einige Zahnwale haben mehr als 100 Zähne.

Der bis 2,6 m lange *gemeine Delfin* ist der bekannteste *Zahnwal.* Er besitzt in jeder Kieferhälfte 42 bis 50 Zähne, d. h. insgesamt ca. 200 Zähne, die ihn als ein Raubtier ausweisen. Seine Nahrung besteht aus heringsgroßen Schwarmfischen, Kopffüßern und Krustentieren. Der *Tümmler* (Abb. 41 g und Abb. 42) gehört zu den kleinen Walen.

← MAMMALIA → | ← VÖGEL →

Abb. 43

A. *Kaltb*

gel, 10.

66		6. Massensterben der Dinosauerier
250		
252		5. Massensterben
		Reptilien (terrestrisch oder aquatisch)
Perm		mit *Amnion* und *Allantois* (Eihüllen)
285		
Karbon		**Urreptilien** (Kriechtiere)
360		
367	Oberdevon	4. Massensterben
		Amphibien *(marin/terrestrisch)*
		Urlurche (Lungenatmer, Quadrupeden)
Devon	Unterdevon	Lungenfische *(marin)*
		Quastenflosser (Crossopterygier)
410		
Silur	Obersilur	**Urpanzerfische** *(Kiemenatmer)*
		zwei Brust- und zwei Beinflossen
440		

Abb. 44. Stammesgeschichte der Niederen Wirbeltiere: Fische, Amphibien und Reptilien. *Massensterben* der größeren, kaltblütigen Tiere ereigneten sich jeweils im Oberen Devon, im Oberen Perm und in der Oberen Kreide.

Kleine Wirbeltiere (Fische, Amphibien, Reptilien, Säuger und Vögel) überlebten jeweils die Perioden des Massensterbens in *geschützten Refugien* (Wasser, Höhlen etc.). Deshalb blieben alle Wirbeltierklassen bis in die Jetztzeit erhalten.

19 Irrtum der REICHERT-GAUPP-Theorie (RGT)

Der Irrtum dieser Theorie war schon 1981 nachgewiesen worden (OTTO 1981, Habilitationsschrift).

Morphologisches Gegenargument zur RGT: In der smMZ war durch eine zufallsbedingte Mutation und wahrscheinlich durch noch weitere Folgemutationen benachbarter GENE die ***Ablösung des Q von der Schädelbasis*** bewirkt worden. An der Oberseite des dadurch beweglich gewordenen Q entwickelte sich eine Gleitschicht aus Knorpel, analog jener, wie sie bereits ventral davon zwischen dem Articulare (dem Köpfchen des Unterkiefers) und der Schädelbasis bestanden hatte. Angesichts dieses embryologischen Befundes erweist sich die 120 Jahre alte REICHERT-GAUPP-Theorie als eine Fiktion.

Funktionelles Gegenargument

Es widerspricht der wissenschaftlichen Erfahrung, wonach bei den *warmblütigen* Wirbeltieren in einer Lebensphase, in der viele Spezies auf dem Lande, im Wasser oder in der Luft eine hohe Mobilität praktizieren, diese angeblich ihr angestammtes Kiefergelenk (KG), das die *Homoiothemie* sicherte, aufgaben, es ins Mittelohr verlagerten und durch ein vermeintlich neues KG ersetzt haben sollen.

19a Neues Kiefergelenk der Höheren Therapsiden

In dieser Entwicklungsphase der bereits homoiotherm gewordenen, säugerähnlichen Reptilien, den Höheren Therapsiden, stand das Kauen im Mittelpunkt ihres Daseins. Denn es sicherte den homoiothermen Zustand. Sie behielten sowohl ihr angestammtes unteres KG als auch das bei den Höheren Therapsiden neu erworbene obere KG (Gleitgelenk) bei. Seit etwa 230 Millionen Jahren bestehen auch bei *allen Säugern* bilateralsymmetrisch kombinierte Kiefergelenke. Deren Einzelelemente unterlagen weder einem Ortswechsel ins Mittelohr noch einem Funktionswechsel in ein schallleitendes Organ. Das evolutionär verbesserte KG *blieb vielmehr an Ort und Stelle* (Abb. 45).

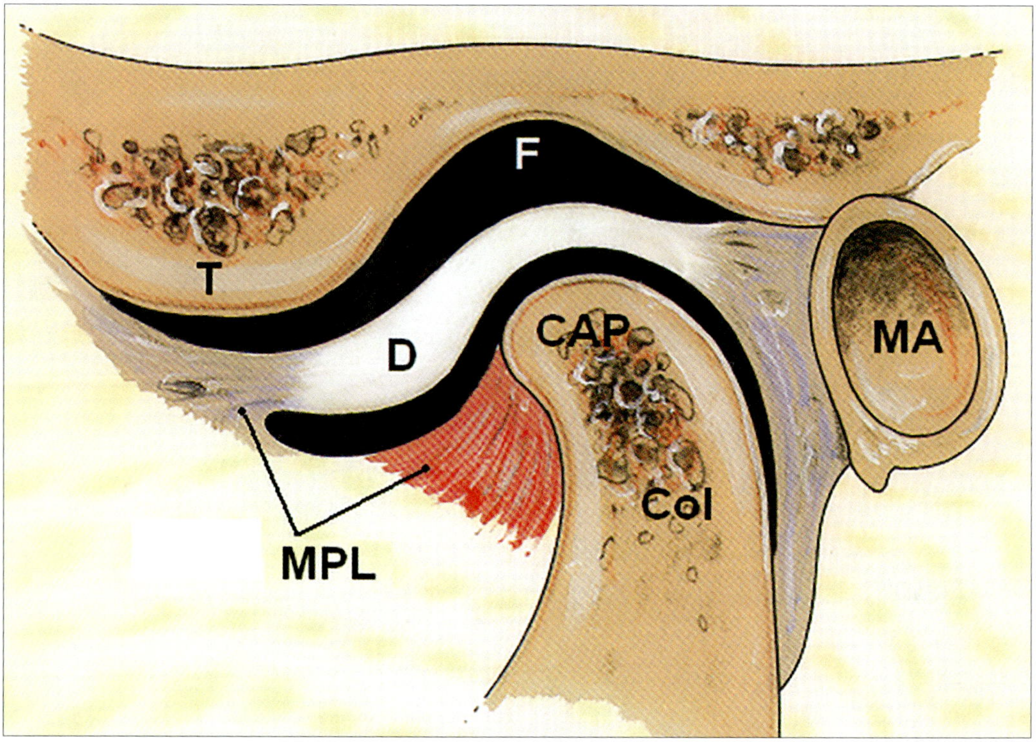

Abb. 45. Kiefergelenk des Menschen. – Aus: OTTO (2017), Bd. 2, Seite 1163.
CAP Capitulum, *Col* Collum des Proc. articularis mandibulae. *D* Discus articularis = Quadratum, *F* Fossa mandibularis, *MA* Meatus acusticus externus, *MPL* Musculus pterygoideus lateralis, *T* Tuberculum articulare.

Im Zusammenhang mit den ausgeführten *Kaubewegungen* und den immer größer gewordenen *Kaudrucken* hatte sich das bewegliche, ursprünglich knöcherne Quadratum im Laufe der Zeit in einen flachen, belastungsstabilen *Faserknorpel* umgewandelt. Gleichzeitig wurde diese Knorpelscheibe bilateralsymmetrisch nur noch über eine innere und eine äußere, schmale bukkale Brücke, die aus Bindegewebe, äußerer Haut und Wangenschleimhaut bestand, gehalten. Das ermöglichte ihre horizontale Beweglichkeit in zwei Richtungen.

19b Wandel in den Mittelohren der Säugetiere

Im Mittelohr der *Nichtsäuger* war und ist die *Columella (CLM)* ein zartes, stabförmiges Knöchelchen, welches das Trommelfell mit dem *Stapes* (Steigbügel)

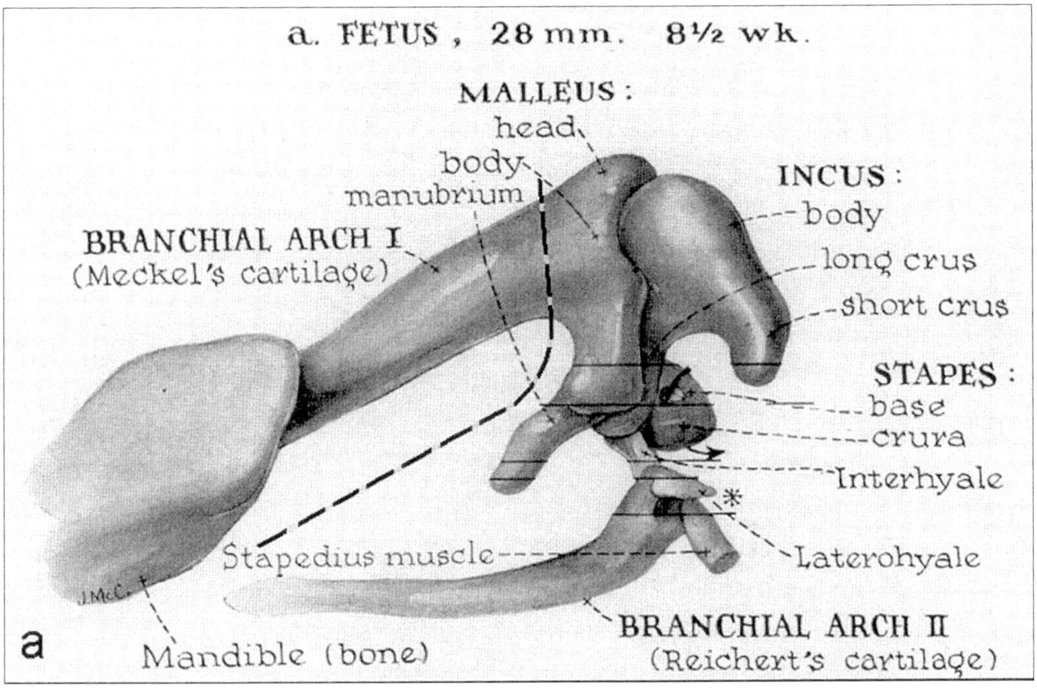

Abb. 46. Hammer und Amboss im Mittelohr. Rekonstruktionsmodell links bei einem menschlichen Embryo Mitte der achten Embryonalwoche.
Verlauf der gestrichelt gezeichneten, nach rostral gekrümmten hyomandibulären Grenze (nach OTTO 1987, Bd. II) durch die breite Fusionszone zwischen MECKEL-Knorpel *(I. Kiemenbogen)* und Hammer-Amboss-Komplex *(II. Kiemenbogen)*. – Aus: HANSEN et al. 1972, fig. 18, Wisconsin-Series 158).

verbindet. Die Höheren Therapsida und Mammalia wurden immer größer und sie lebten zweifellos auch in Herden. Dabei brüllten einige Bullen sehr laut ins Ohr von jenen Tieren, die sich in der unmittelbaren Nähe aufhielten. Während dieser Entwicklung kam es zur Ausbildung eines *Innenohrschutzes* durch die *Umwandlung der CLM,* die dabei eine Massenvergrößerung durchmachte (Abb. 46).

Umwandlung der Columella zu Hammer und Amboss

Im Nukleus einer smMZ kam es nach dem Beginn des Syntheseprozesses des GENS für die prospektive Columella noch *vor* der Teilung in die beiden Tochterzellen zu einer zufallsabhängigen Mutation. Diese bewirkte einen inkompletten Abbruch des GEN-Syntheseprozesses. Aus dem partiellen (anterioren) GEN-Segment entstand der prospektive Hammer *(Malleus)*. – Aus dem kleinen, nachfolgenden, hypoplastischen GEN-Rest entstand ein interkalares Segment, das prospektive Hammer-Amboss-Gelenk, ein Zahngelenk. Nach medial schlosss sich ihm die Synthese eines kompletten GENS für die zweite Hälfte der prospektiven Columella, d. h. für den prospektiven Amboss *(Incus)*, an. Auf diese Weise blieb die Schallleitungskette im Mittelohr der Säugetiere geschlossen (Abb. 46).

Innenohrschutz

Unter physiologischen Schallbedingungen wirken *Malleus* und *Incus* bei der Schallübertragung vom Trommelfell zum Steigbügel als einheitlicher Körper. Aber beim Überschreiten eines *plötzlich einwirkenden*, kritisch hohen Impulsschalldrucks (wie z. B. beim Blöken eines unmittelbaren Nachbartieres) wirkt das straffe Gelenk wie eine *Rutschkupplung*. Dabei wird der mit dem Trommelfell verbundene Hammer um den Hammerkopf plötzlich nach innen gedreht, der *Amboss macht diese Bewegung aber nicht mit*. Auch der rechtwinklig zum Amboss stehende Steigbügel *(Stapes)* bleibt unbeteiligt. Die schrägen, elastischen Fasern des *Incudomalleargelenks* werden dabei nur gedehnt und bewirken eine Rückdrehung des Ambosses in die Normalposition. Eine Weiterleitung der hohen Schallenergie auf das ovale Fenster und auf die zarten Strukturen des Innenohres, die Haarzellen, wird auf diese Weise verhindert.

20 Synopsis

Von den Höheren Therapsiden bis zu den *rezenten* Tieren einschließlich des Menschen

In den vorangehenden Ausführungen wurden teilweise völlig *neue* Aussagen zum Ablauf der Evolution vorgestellt. Sie stehen im Widerspruch zu herkömmlichen Vorstellungen über die Entwicklung von einigen Kalt- und Warmblüter-Familien. Dazu gehören:

1. die **Höheren Therapsiden,**
2. die wieder terrestrisch lebenden, warmblütigen, ***bipeden*** **Dinosaurier** (Abb. 20, Abb. 21 und Abb. 45) sowie
3. die **drei halbaquatisch bzw. vollaquatisch lebenden,** warmblütigen **Säuger,** d. h. Robben, Seekühe und Waltiere.

Diese fünf Tiergruppen weichen ganz entscheidend davon ab, was darüber in modernen Fachbüchern der *Evolutionsbiologie, Paläontologie, Biologie* und der *Medizin* zu lesen ist.

Neu ist auch die Erkenntnis über den Ablauf der ***Mutation*** eines GENs. Diese wird hier als ein mehr oder weniger früher oder ein später ***Abbruch des GEN-Syntheseprozesses*** für ein bestimmtes prospektives Organ im *Nukleus* einer singulären medianen Mutterzelle (smMZ) eines Embryos aufgefasst. Das Resultat ist ein verändertes (mutiertes = verkürztes oder komplett fehlendes) GEN. *Nach* der Teilung enthält jede der beiden Tochterzellen das mutierte GEN. Das Ergebnis ist folglich eine *erbliche* bilateralsymmetrische ***„Fehlbildung"***, d. h. ein *veränderter* Habitus des Embryos bzw. des Neugeborenen.

In der Phylogenese bedeutete das zumeist ein Handikap, jedoch manchmal resultierte daraus auch eine *Verbesserung der Körpereigenschaften.* In Konfrontation mit einem phylogenetisch älteren Rivalen konnten diese im „struggle of life" das Überleben des Siegers sichern. Bei einer Vererbung des bilateralsymmetrischen, *neuen* Merkmals trat dieses infolge der Teilung des **Chromosoms** in zwei **Chromomeren** (Meiose 2n → n + n) nur bei maximal 50 % der Nachkommen auf.

Das Ergebnis war eine zunächst *kleine* Tiergruppe mit verbesserten erblichen Körpermerkmalen. Wenn die Nachkommen dieser Tiere Jahrmillionen überlebten, dann breiteten sie sich allmählich über immer ausgedehntere Lebensbereiche (Habitate) aus.

Auch die *Körpermaße* der nach jedem Massensterben zunächst kleinen Tiere aller Arten wurden danach bei einigen Arten größer und größer bis schließlich maximal groß.

21 Endogene, *bilateralsymmetrische Fehlbildungen* beim Menschen

21a Pathogenese der erblichen, bs Fehlbildungen (bs FBen)

Sie vollzieht sich in der Zeitspanne von der Entstehung der Zygote (erster Tag) bis zur achten Embryonalwoche (56. Tag).

Die Pathogenese (PG) der endogenen Fehlbildungen beim Menschen war bereits früher in Wort und Bild dargestellt worden (OTTO, H.-D.: Pathogenese der bilateralsymmetrischen Fehlbildungen. Herbert UTZ Verlag, München 2018).

Der Inhalt jener Publikation wird hier stark verkürzt, d.h. lediglich in Form von *Überschriften*, wiedergegeben. Nach ihrem Erscheinen hatte es sich herausgestellt, dass die Aussagen über die Genese von endogenen Fehlbildungen nicht nur für alle *rezenten*, sondern auch für alle *fossilen* Warm- und Kaltblüter gleichermaßen gelten. Denn im Laufe der langen Stammesentwicklung waren bei ihnen multiple bilateralsymmetrische „Fehlbildungen" entstanden, von denen viele für den *Artenwandel* bzw. für die *Höherentwicklung* der Lebewesen verantwortlich sind.

Auch beim menschlichen Embryo findet in der Zeitspanne von der befruchteten Eizelle (Zygote) bis spätestens zum 56. Tag, dem Ende der achten Embryonalwoche, die normale Entwicklung der GENE für alle prospektiven Organe im Nukleus einer einzelnen Zelle eines Embryos statt. Der GEN-Syntheseprozess (GEN-SYNPR) vollzieht sich entweder im Kern einer Blastomere oder im Kern einer Epithelzelle der Keimscheibe. Da die *neue* Keimscheibenzelle stets auf der *Medianlinie* entsteht, wird sie „singuläre mediane Mutterzelle" (smMZ) genannt. Der normale GEN-SYNPR in der smMZ läuft gewöhnlich bis zu seinem Ende ab. Erst danach teilt sie sich in zwei gleichwertige Tochterzellen, d.h. in eine rechte und eine linke Tochterzelle.

Pathogenese

Bei den bs FBen handelt es sich ausnahmslos um *Hemmungsfehlbildungen.* Im Nukleus einer smMZ wird der GEN-SYNPR für ein bestimmtes prospektives Organ früher oder später durch eine zufallsabhängige Mutation gestört, d. h. er wird *vor* der Teilung in die beiden Tochterzellen pathologisch verändert.

Nach der Teilung der smMZ eines Embryos in eine rechte und eine linke Tochterzelle enthält jede von ihnen den gleichen GEN-Defekt. Auf diese Weise entsteht eine bilateralsymmetrische Fehlbildung. Sie kann in jeder Körperregion (Kopf, Hals, Thorax, Abdomen, Extremitäten) vorkommen.

Folge: ▶ ***inkompletter oder kompletter Stopp des GEN-Syntheseprozesses*** (Abb. 2):

a) inkomplett, d. h. ***inmitten des GEN-SYNPR:*** ▶ Es entsteht ein Teil-GEN, eine **Hypoplasie** der prospektiven Organanlage. Ergebnis: Enddefekt, z. B. bs *Peromelie.*
b) komplett, d. h. ***Stopp zu Beginn des GEN-SYNPR:*** ▶ *axiale Abruptio,* ▶ total fehlendes GEN. ▶ bs komplette **Aplasie** der prospektiven Organanlage.
c) An einer prospektiven ***Extremität*** *entsteht während* des GEN-SYNPR eines **prospektiven *Fingerglieds*** nach einer *paraxialen Abruptio* bis zum Ende des inkompletten GEN-SYNPR ***noch ein sehr kleiner GEN-Rest.*** Aus ihm entwickeln sich nur Kutis (Haut) und wenig Bindegewebe. Ergebnis: bs *interkalare Aplasie, z. B. bs Brachydaktylie.*
d) An einer prospektiven ***Extremität*** entstehen bei einem *paraxialen Abbruch* des GEN-SYNPR ***für den Oberarm oder den Oberschenkel*** *distal* (bei Aplasie von Ulna und Fibula) nur der Unterarm-/Unterschenkelknochen verkürzt, jedoch alle noch fehlenden GENE dieses Strahls (drei *proximale,* carpale/tarsale Knochen sowie vier *distale,* carpale/tarsale Knochen und fünf Metaphalangen) sind komplett entwickelt. Die Glieder der je fünf Fingerstrahlen/Fußstrahlen wachsen erst danach aus der Handplatte/Fußplatte aus. *Ergebnis:* ***obere*** *oder* ***untere Phokomelie*** *oder* ***Tetraphokomelie*** (Robbengliedrigkeit).

Bei nur maximal 50 % der Nachkommen mit bs FBen besteht eine *Heredität.* Denn bei der *Meiose* (Reduktionsteilung der diploiden Chromosomen) werden in der Zelle jeweils zwei homologe, haploide *Chromatiden* voneinander getrennt. *Nur eine Chromatide ist der Träger des zufallsabhängig mutierten GENS,* jedoch die andere nicht. Die erstere enthält den Faktor, der die Heredität bewirkt. – Normal tritt die meiotische Teilung bei der Bildung von Keimzellen (Eizellen/Spermien) auf.

21b Formen der *bilateralsymmetrischen* Fehlbildungen beim *Menschen (Übersicht)*

Alle Formen kommen auch im Tierreich vor:

1. Bilateralsymmetrische (Bs) FBen der **Augen** und der **Nasen:**
   - Anophthalmia bilateralis bei Arhinie und Holoprosenzephalie (HPE)
   - Anophthalmia bilateralis bei normaler Nase
   - Zyklopie bei Otocephalie
   - Proboscis supraorbitalis mediana und Synophthalmie
   - Proboscis interorbitalis
   - Coloboma iridis bilateralis
2. Familiäre Mikrozephalie und Holoprosenzephalie (HPE) bei Aplasie/Hypoplasie der Lam. terminalis
3. *Mediane* offene Spalte der Oberlippe und des Oberkiefers bei Hypotelorismus
4. *Mediane* offene/subkutane Spalte der Oberlippe, des Oberkiefers und des Siebbeins bei *frontonasaler Dysplasie* (FND) und Hypertelorismus
5. Bilateralsymmetrische (Bs) *laterale* Spalte der Oberlippe und/oder Lippen-Kiefer-Spalten
6. Bs Unterlippenfisteln (VAN-DER-WOUDE-Syndrom)
7. Bs Agnathie und Mikrognathie
8. Bs Aplasie/Hypoplasie des Beckens
9. Bs kongenitale Hüftgelenksdysplasie (Luxatio coxae)
10. Bs Achondroplasie (Chondrodysplasia fetalis, PARROT-Syndrom)
11. Bs Amelia brachialis humeri bilateralis
12. Bs Tetramelie

13. Bs Peromelie (Stumpfbildung)
14. Bs Phokomelie der oberen Gliedmaßen
15. Bs Tetraphokomelie (Interkalare Aplasie der Arme und Beine)
16. Bs MADELUNG-Handgelenkdeformität
17. Bs interkalare Aplasie der Tibia und des partiellen Talus bei tibialem Klumpfuß
18. Bs Aplasie des Radius und aller distalen Segmente bis zum Daumen (radiale Klumphand)
19. Bs erblicher, tibialer Klumpfuß bei Deformierung des Talus (Pes equinovarus)
20. Bs Fehlbildungen der Finger
21. Bs Inkomplette und komplette Syndaktylie (APERT-Syndrom) – eine Hemmungsfehlbildung!
22. Bs Perodaktylie (Stumpfbildung) der Digiti IV und V an den Händen/Füßen
23. Bs zentrale Spalthände/Spaltfüße und radiale/tibiale Ektrodaktylie
24. Bs Polydaktylie
25. Bs Polydaktylie und Syndaktylie der Hände
26. Bs tibiale und fibulare Polydaktylie (Heptadaktylie)
27. Bs Brachydaktylie
28. Bs Muskeldysplasie: Schultermuskeln, M. pectoralis, M. sternocleidomastoideus.

22 Zusammenfassung

1. In verschiedenen Perioden der langen Erdgeschichte ereigneten sich ausgedehnte *Massensterben* von großen und mittelgroßen Tieren mit globalen Auswirkungen. Vor 252 Millionen Jahren traf es die ***Reptilien,*** die damals die höchstentwickelten Wirbeltiere waren. Nach einer Periode der Erholung entwickelten sich dann während eines Zeitraums von fast 200 Millionen Jahren die *quadrupeden und die bipeden* ***Dinosaurier,*** von denen viele eine gewaltige Größe erreichten. Vor 66 Millionen Jahren starben dann alle Dinosaurier plötzlich aus. Alle Massensterben wurden nur von **kleinen Spezies überlebt;** jedoch wurden auch *nach* diesem letzten, sechsten Massensterben zahlreiche Tiere allmählich wieder sehr, sehr groß.
2. *Vererbung* ist der Prozess der Weitergabe der bleibenden genetischen Information an maximal 50 % der Nachkommen mit einem bilateralsymmetrischen (bs) Habitus. Sie basiert auf dem etwas früheren oder späteren *Syntheseabbruch eines GENS,* d. h. auf einer ***zufallsabhängigen Mutation*** (ZUFAB MUT) eines GENS für ein prospektives Organ im *Nukleus* einer noch *„singulären medianen Mutterzelle"* (smMZ) eines Embryos *vor* der Teilung in die beiden Tochterzellen (TZ). *Nach* der Teilung der smMZ befindet sich das mutierte GEN in jeder der beiden Tochterzellen. Ergebnis: Hereditäre, ***bilateralsymmetrische*** *Fehlbildung.* Bei Trägern von ***monolokularen*** (einseitigen) Fehlbildungen kommt ***keine*** Heredität vor, weil sich bei ihnen eine zufallsabhängige Mutation erst im Nukleus von *einer* der beiden *Tochterzellen* ereignet hat.
3. Die ***biologische Evolution*** zeigt sich in der Aufeinanderfolge von bilateralsymmetrischen Lebewesen, die jeweils eine *höhere* Entwicklungsstufe erreicht haben. In ihrem Habitus hatte sich eine vorteilshafte Veränderung gezeigt, die ihnen im „struggle of life" das Überleben gegenüber einem Konkurrenten sicherte.
4. Vor ca. 250 Millionen Jahren erfolgte bei einem Embryo eines quadrupeden *Niederen Therapsiden* durch eine ZUFAB MUT des GENS für den kaudalen Teil des hier aus Knorpel bestehenden prospektiven Os temporale (Schläfenbein) *vor* der Teilung der smMZ die bs Ablösung dieses Knorpels von der Schädelbasis, er wurde zum *Os quadratum.*

Folge: *Zusätzlich* zum herkömmlichen, scharnierförmigen *Kiefergelenk* (Ginglymus) entstand aus diesem Knorpel bei jeder der beiden Tochterzellen ein beweglicher *Discus articularis.* Er wandelte sich in einen druckstabilen Faserknorpel um. Zur Schädelbasis (Os temporale) hin waren die beiden *Disci* durch einen oberen Gelenkspalt abgegrenzt, wodurch die neuen Kiefergelenke bs zu einem *Doppelgelenk* wurden. Beim *Kauen* ermöglichten sie Bewegungen des Unterkiefers in alle Richtungen. Jetzt konnte pro Zeiteinheit mehr als bisher Nahrung aufgenommen und im Verdauungstrakt verarbeitet werden und es konnten entsprechend mehr Kalorien freigesetzt werden. Diese Veränderungen waren **erblich.**

5. Aus kaltblütigen *Niederen Therapsiden* hatten sich dadurch *warmblütige, hereditäre Höhere Therapsiden* entwickelt. Die größere Mobilität kräftigte die Muskulatur der Nachkommen und optimierte zunehmend sowohl den *Blutkreislauf* als auch den *Stoffwechsel.*
6. Die anschließende Radiation der warmblütig gewordenen Tiere vergrößerte sehr rasch den Umfang der tierischen Stammesgeschichte. Sie umfasste schon frühzeitig sowohl das terrestrische Leben der Vierfüßer als auch ein arboreales (sich vorwiegend auf Bäumen abspielendes) Leben. Durch das repetitive Aufwärtshangeln und das Abspringen zurück auf die Erde waren die warmblütigen Tiere *zweibeinig* geworden. Ihre hinteren Extremitäten wurden länger und kräftiger, ihre vorderen blieben kurz. Einige von diesen Hanglern verließen das arboreale Leben wieder. Sie wurden ***sehr flinke, terrestrisch lebende, bipede, homoiotherme Dinosaurier (DS).*** Parallel zu den *kaltblütigen quadrupeden* DSn entwickelten auch die *warmblütigen, bipeden* DS allmählich gigantische Körpermaße.
7. Das bei den Höheren Therapsiden entstandene bs *Doppelkiefergelenk* mit einem ***Discus articularis*** blieb bei den Säugern erhalten. Es veränderte sich nicht mehr. Jedoch traten bei den arborealen Tieren, die zunächst ein *Fellkleid* und später ein *Federkleid* ***(Vögel)*** trugen, am Kiefergelenk, trotz der Beibehaltung der Warmblütigkeit und hoher Mobilität sowie dem daran angepassten Kreislauf, wiederum Veränderungen auf: *Rückbildung* jedes Discus articularis und der oberen Gelenkspalten. Die dadurch wieder unbeweglich und *knöchern* gewordenen *Ossa quadrata* wurden bei einigen sogar immer größer; dabei blieben nur die Scharniergelenke zwischen der

Mandibula und einem der Schädelknochen (Os temporale oder Squamosum) erhalten.

8. Erst sehr viel später, vor ca. 30 bis 40 Millionen Jahren, erfolgte die stufenweise Anpassung von terrestrischen Tieren an ein zunächst *halbaquatisches* und schließlich an ein *komplett aquatisches Dasein.* Die Ursache dafür begann zufallsabhängig zunächst mit einem sehr seltenen, singulären Ereignis: In einem terrestrischen, ***vierbeinigen,*** *trächtigen Säugetier* fanden bei seinem ***Embryo*** im Nukleus einer singulären medianen Mutterzelle (smMZ) noch *vor* deren Teilung in die beiden Tochterzellen *während der Syntheseprozesse von zwei GENEN* ***zwei zufallsabhängige Mutationen*** statt.
   a. Die *erste Mutation* betraf das GEN für die prospektiven ***Langknochen des Ober- und Unterarms.***
   b. Die *zweite Mutation* betraf das GEN für die prospektiven ***Langknochen des Ober- und Unterschenkels.*** Dadurch resultierte eine ***Verkürzung aller*** Extremitäten.
   Bei dieser komplexen Fehlbildung entwickelten sich jedoch die *distalen Segmente* der Extremitäten normal, woraus vier ***fünfstrahlige Ruderflossen*** bei ***Tetraphokomelie*** resultierten. Damit war die erste ***Robbe*** (Ur-Robbe) entstanden.
   Die ***Mutter*** dieses Embryos lebte zwar auf dem Land, aber unmittelbar an der Küste. Als das Baby flügge geworden war, eroberte es auch das Wasser der flachen Küstenregion, es wurde zu seinem wechselnden Lebensraum. Auch diese Fehlbildung war dann ***erblich.***
   Eine *Tetraphokomelie* wurde im 18. Jahrhundert auch bei einem **Menschen** angetroffen; infolge des speziellen sozialen Umfeldes wurde diese Fehlbildung jedoch nicht erblich.
9. Beim Embryo einer *trächtigen Robbe* fand irgendwann im Nukleus einer smMZ *kurz nach dem Beginn* des Syntheseprozesses des GENS für das prospektive *Becken* noch *vor* der Teilung der smMZ eine zufallsabhängige Mutation statt. Daraus resultierte ein *fast kompletter Ausfall des Becken-GENS.* Beim Neugeborenen waren dann die beiden Beckenhälften inkomplett aplastisch und beide Beine fehlten vollständig. Die lange Wirbelsäule bestand jedoch weiter. Damit war aus einem Robben-Baby die erste ***Sirene***

(Ur-Sirene) entstanden. Diese *Hemmungsfehlbildung* war dann ebenfalls ***erblich.***

10. Wiederum später fand im Embryo einer *trächtigen Sirene* am *Beginn des Syntheseprozesses des GENS für den prospektiven* ***zweiten Halswirbel*** (Epistropheus) noch *vor* der Teilung der smMZ eine zufallsabhängige Mutation statt. *Das betroffene GEN fiel komplett aus.* Bei beiden Tochterzellen bestand ein *bilateraler GEN-Defekt.* Im Habitus dieses Neugeborenen *fehlten dann die rechte und die linke Hälfte des zweiten Halswirbels.* Folge: Beugen des Halses nach dorsal und Halsdrehungen waren jetzt nicht mehr möglich. Die steife Halswirbelsäule setzt sich nach rostral in einen dadurch ***unbeweglichen Kopf*** fort. Die kurzen vorderen Extremitäten ***(Brachiophokomelie)*** bestanden aber weiter. Damit war beim Baby dieser Sirene erstmalig ein Säugetier mit einer kompletten Fischgestalt – ein ***Wal*** (Ur-Wal) – entstanden. Auch diese Fehlbildung war ***erblich.***

\- - - - - -

23 Literatur

Archer, M, Flannery, TF, Ritchie, A, Molnar, RF (1985): First Mesozoic Mammal from Austria. – An early Crateceous Monotreme. Nature 318: 363–366.

Bertelsmann Lexikothek Verlag GmbH, Gütersloh. (1994): Band 15, Wale, S. 144.

Böhme, H, Hagemann, R, Röther, R (1978): Beiträge zur Genetik und Abstammungslehre. Volk und Wissen Volkseigener Verlag Berlin. 2. Auflage.

Bollen, L (2008): Der Flug des Archaeopteryx. Auf der Suche nach dem Ursprung der Vögel. Edition Goldschenk. Quelle & Meyer Verlag GmbH Wiebelsheim.

Brockhaus ABC Biologie (1967): VEB F. A. Brockhaus Verlag Leipzig.

Broili, F (1927 b): Ein Rhamphorhynchus mit Spuren von Haarbedeckung. SB AK. Wiss., 49–67.

Carroll, RL (1993): Paläontologie und Evolution der Wirbeltiere. G. Thieme Verlag Stuttgart, New York. S. 350, Abb. 16.8: Scleromochlus.

Carroll, SB (2009): The Making of the Fittest. DNA and the Ultimate Forensic of Evolution. Quercus, London.

Colbert, EH (1948): The Mammal-like Reptile Lycaenops. *Bull. Am. Mus. Nat. Hist.,* 89: 353–404.

Crompton, AW (1968): The Enigma of the Evolution of Mammals. *Optima,* 13 (3): 137–151.

Crompton, AW, Taylor, CR, Jagger JA (1978): Evolution of Homeothermy in Mammals. *Nature* 272: 333–336.

Darwin, C (1959): O the Origin of Species by Means of Natural Selection, or the Preservation of Favoured Races in the Struggle of Life. John Murray. London.

Doming, DP (1978): Sirenian Evolution in the North Pacific Ocean. *Univ. Calif. Publ. Geol. Sci.* 118: 1–178.

Füller, H (1981): Das Bild der modernen Biologie. Urania Verlag Leipzig, Jena, Berlin. 2. Aufl.

Gaupp, E (1913): Die REICHERT'SCHE Theorie. Arch. Anat. Entw. gesch. (Supplement). 1–146.

GEO Themenlexikon (2008): Band 35, Tiere und Pflanzen. Gruner und Jahr AG & Co KG.

Gruber, GB (1958 a): Die Entwicklungsstörungen der menschlichen Gliedmaßen. Hypoplasie, Mikromelie, Phokomelie, Peromelie. In: Schwalbe, E., Gruber, G. B. (Hrsg.). Die Morphologie der Missbildungen des Menschen und der Tiere. Teil III: Die Einzelmissbildungen. XVII. Lieferung. 7. Kap., 2. Hälfte: Missbildungen der Extremitäten. G. Fischer, Jena, 300–328.

Haeckel, E (1866): Generelle Morphologie der Organismen. Allgemeine Grundzüge der organischen Formen – Wissenschaft, mechanisch begründet durch die von Charles Darwin reformierte Deszendenz-Theorie. Zwei Bände, Berlin.

Hochstetter, F (1919): Beiträge zur Entwicklungsgeschichte des menschlichen Gehirns. Wien, Leipzig.

Huene, FR v. (1956): Paläontologie und Phylogenie der Niederen Tetrapoden. VEB Gustav Fischer Verlag, Jena.

Junker, R, Scherer, S (1998): Evolution – ein kritisches Lehrbuch. Gießen: Weyel Biologie. 4., völlig neu bearbeitete Auflage.

Kellog, R (1936): A Review of the Archeoceti. *Carnegie Inst. Wash. Pbl.,* 482: 1–366.

Kemp, TS (1982): Mammal Like Reptiles and the Origin of Mammals. Academic Press, London.

Kemp, TS (1983): The Relationships of Mammals. Zool. J. Linnean Soc. 77: 353–384.

Kleesattel, W (2002): Evolution. Pocket Thema. Cornelsen Scriptor. 1. Aufl.

Kleesattel, W (2005): Abenteuer Evolution. Die Ursprünge des Lebens. K. Theiss Verlag GmbH, Stuttgart.

Klepsch, P (2000): Das große Buch der Saurier. Ravensburger Buchverlag. S. 42, Abb. von Thiemeyer, Th.

Kuhn, O (1970): Die säugetierähnlichen Reptilien (Therapsiden). Die Neue Brehm-Bücherei. A. Ziemsen Verlag, Wittenberg Lutherstadt.

Kutschera, U (2008): Evolutionsbiologie. 3. Auflage. Verlag Eugen Ulmer, Stuttgart.

Kutschera, U (2010): Tatsache Evolution. Was Darwin nicht wissen konnte. Deutscher Taschenbuch Verlag GmbH & Co. KG München.

Kutschera, U (2014): Evolutionsbiologie. 4., vollständig überarbeitete und erweiterte Auflage. Verlag Eugen Ulmer, Stuttgart.

Lehmann, U (1986): Paläontologisches Wörterbuch, 3. Aufl., VEB Gustav Fischer Verlag, Jena.

Maier, W (1990): Phylogeny and Ontogeny of Mammalian Middle Ear Structures. Netherlands J. Zool. 40: 55–74.

Mayr, E (1963): Animal Species and Evolution. Harvard University Press. Cambridge, Mass.

Mayr, E (1967): Artbegriff und Evolution. Paul Parey, Hamburg und Berlin.

Mayr, E (1970): Populations, Species, and Evolution. Harvard University Press. Cambridge, Mass.

Mayr, E (2005): Das ist Evolution. Stammesgeschichte der Reptilien. W. Goldmann Verlag, München.

Mendrez, CH (1972): On the Skull of *Regisaurus jacobi,* a New Genus and Species of Bauriamorpha Watson and Romer 1956 (= Scaloposauria Boonstra 1953) from the *Sysistrosaurus*-zone of South Africa. In: K. A. Joysey and T. S. Kemp (Hrsg.), *Studies in vertebrate Evolution,* 191–219. Oliver and Boyd, Edinburgh.

Müller, AH (1985): Lehrbuch der Paläozoologie. Bd. III Vertebraten, Teil 2 Reptilien und Vögel. VEB G. Fischer Verlag, Jena, 2. Auflage.

Osche, G (1972): Evolution. Grundlagen – Erkenntnisse – Entwicklungen der Abstammungslehre. Verlag Herder, Freiburg i. Br.

Otto, H-D (1981): Zwei bisher unbekannte Verlagerungsbewegungen in der Branchialregion des menschlichen Keimlings. Habil.-schrift.

Otto, H-D (1984): Der Irrtum der REICHERT-GAUPP'SCHEN Theorie. Anat. Anz. Jena 155: 223–238.

Otto, H-D (1994): Teratologische und klinische Aspekte bei Missbildungen des Kopf- und Halsbereichs. Europ. Arch. Oto-Rhino-Laryngol. *Suppl. 1,* 15–100.

Otto, H-D (2017): Pathogenese der Fehlbildungen. Bd.1 und 2, Herbert Utz Verlag GmbH, München.

Padian K (1984): The Origin of Pterosaurs. In: W. E. Reif and F. Westphal (Hrsg.) Third Symposium on Terrestrial Mesozoic Ecosystems Proceedings, 163–168. Attempto Verlag, Tübingen.

Petzsch, H (1967): Urania Tierreich, Bd.6, Säugetiere. 1. Aufl., Leipzig, Jena, Berlin. S.343.

Pschyrembel, W (2017): Klinisches Wörterbuch. 267., neubearbeitete Auflage. Walter de Gruyter GmbH, Berlin, Boston.

Romer, AS, Parsons, TS (1991): Vergleichende Anatomie der Wirbeltiere. Hamburg.

Romer, AS, Price, LI (1940): Review of the Pelicosauria. Geol. Soc. Am., Spec. Paper, 28: 1–538.

Sharov, AG (1971): Neue fliegende Reptilien aus dem Mesozoikum von Kasachstan und Kirgisien. Trudy Ak. Nauk. SSSR Pal. Inst. 130: 104–113.

Sigogneau, D (1970): *Revision systématique des gorgonopsiens Sud-Africains. Cahiers de Paléontologie,* Editions C. N. R. S., Paris.

Wellnhofer, P (1974): Das fünfte Skelettexemplar von Archaeopteryx. Palaeontogr. Stuttgart A, 147: 169–216.

Wellnhofer P (1980): Die Rhamphorhynchoiden der Oberjura-Plattenkalke Süddeutschlands. II. Systematische Beschreibung. Mitt, Bayer. Staates Pal. Geol. 148: 132–186. Und Neue Brehm-Bücherei, A. Ziemsen Verlag, Wittenberg Lutherstadt.

Wild, R (1978): Die Flugsaurier aus der Oberen Trias von Gene bei Bergamo, Italien. Boll. Soc. Pal. Ital. 17 (2): 176–257.

Wild, R (1984 a): Flugsaurier aus der Obertrias von Italien. Naturwissenschaften 71: 1–11.

Wild, R (1984 b): A New Pterosaur (Reptilia, Pterosauria) from the Upper Triassic (Norian) of Fruili, Italy Gortania Atti Museo Fruilano die Storia Naturale, 5: 45–62.

Yuodelis, RA (1966): The Morphogenesis of the Human Temporo-Mandibular Joint and its Associated Structures. J. Dental Res 445: 182–191.

24 Abkürzungen (Abbreviations)

a	Angulare	angular
art	Articulare	articular
BM	Blastomere	blastomere
Bs, bs	bilateralsymmetrisch	bilateral-symmetrical
d	Dentale	dental
DG	Differenzierungsgrenze	differential boundary (DB)
ED	Epithelduplikatur	epithelial duplication
EM	Entoderm (inneres Keimblatt)	entoderm
ET	Epitheltrennung	epithelial separation
EV	Evolution, Entwicklung	evolution, development
EZ	Epithelzelle	epithelial cell
f	Os frontale, Frontale, Stirnbein	frontal
FBGR	Fehlbildungsgruppe	malformation group (MFGR)
G-mut	GEN-Mutation	gene mutation
GEN-SYNPR	GEN-Syntheseprozess	process of gene synthesis
GFL	Gelenkfläche	articular surface
HFB	Hemmungsfehlbildung	reduction malformation (RMF)
KG	Kiefergelenk	temporomandibular joint (tmj)
LIAD	lokale interepitheliale Adhäsionen	local interepithelial adhesions
L-ZK	LIAD-Zellkomplex	cell complex of local interepithelial adhesions
JUR	JURA	Jurassic group
m	Os maxillare, Oberkiefer	maxillare
mand	Os mandibulare, Unterkiefer	mandibular
MES	Mesenchym	mesenchyma
METH	Mesothel	mesothelium
MUT	Mutation, Erbänderung	mutation
n	Os nasale, Nasale, Nasenbein	nasal bone
NEK	Neuroektoderm	neuroectodrem (NEC)
OEK	Oberflächenektoderm, Ektoderm	surfaceectoderm(SEC)

P	Os parietale, Scheitelbein	parietal
pal	Palatinum, Gaumenbein	palatine
PG	Pathogenese	pathogenesis
PGDF	Pathogenese der Fehlbildungen	pg of (endogenous) malformations
part	Präarticulare	prearticular
PE	PERM	Perm
PZ	Proliferationszentrum	proliferation center (pc)
q, Q	Quadratum	quadrate
S	Seite, Seiten	page, pages
sm	Submandibulare	submandibular
smMZ	singuläre mediane Mutterzelle	singular median parent cell (SMPC)
sq	Squamosum (SQ)	squamosal
SSL	Scheitel-Steiß-Länge	vertex-buttock length (v-bl)
T	Temporale	temporal
Tr	TRIAS	triad
TZ	Tochterzelle	daughter cell (DC)
ÜFB	Überschussfehlbildung	surplus malformation (SMF)
VL	Verbindungslamelle	connecting lamina (CNL)
VM	Verschlussmembran	closing membrane, (CLM)
ZK	Zellkomplex	cell complex (CC)
z. B.	zum Beispiel	for example

25 Register

A

B

C

D

E

F

G

H

I

K

L

M

N

O

P

Q

R

S

T

U

V

W

Z